U0155391

潮菜心解

钟成泉 著

一百零八种潮汕味道

南方出版传媒
花城出版社
中国·广州

图书在版编目（CIP）数据

潮菜心解 / 钟成泉著. -- 广州 ： 花城出版社，
2020.1
ISBN 978-7-5360-9106-1

Ⅰ．①潮… Ⅱ．①钟… Ⅲ．①粤菜－菜谱 Ⅳ.
①TS972.182.653

中国版本图书馆CIP数据核字(2019)第277291号

封面题字：郭莽园
图片摄影：韩荣华

出 版 人：肖延兵
策划编辑：张 懿
责任编辑：林 菁
技术编辑：薛伟民
封面设计：庄海萌

书　　名　潮菜心解
　　　　　CHAOCAI XINJIE
出版发行　花城出版社
　　　　　（广州市环市东路水荫路 11 号）
经　　销　全国新华书店
印　　刷　恒美印务（广州）有限公司
　　　　　（广州南沙经济技术开发区环市大道南路 334 号）
开　　本　787 毫米×1092 毫米　16 开
印　　张　16.75　2 插页
字　　数　215,000 字
版　　次　2020 年 1 月第 1 版　2020 年 1 月第 1 次印刷
定　　价　148.00 元

如发现印装质量问题，请直接与印刷厂联系调换。
购书热线：020－37604658　37602954
花城出版社网站：http://www.fcph.com.cn

钟成泉先生是我十分尊敬的美食前辈。在烹饪上他是潮菜承继传统和现代的代表人物之一，他的厨艺也是众多潮汕游子和潮菜拥趸的心头好。更难得的是，多年来，钟叔在治馔之余，勤于笔耕，且著述甚丰，这本新书《潮菜心解》更是将他多年的见识和实践汇聚起来，是潮菜传承和潮汕文化研究的重要文献。

陈晓卿

2019 北京

（陈晓卿，《舌尖上的中国》《风味人间》总导演）

# Contents

# 七十二地煞

## 4　品味名菜

# 序一

沈宏非

钟叔不老，但其貌甚古，有阿罗汉相。不老而古，盖因其信而好古，相由心生者也。

子曰，信而好古，述而不作。钟叔则述而好作，作而善述。本书，潮汕菜点凡一百零八例，按"三十六天罡""七十二地煞"——分列于《潮菜心解》之"聚义厅"上，山珍海错，九簋八鼎，七荤八素，冷热不拘，皆为作者入厨五十年来日常经手之物。然而本书体例之别致，在每一类别述后，皆附有"我之心解"一则，虽只数语，却语重心长。一如书名所示，以"潮菜"为肉，以"心解"为魂，此正是古人心法，亦是本书之奥义所在。

烹饪为技，厨师以技造物，钟叔亦无他，唯手熟尔。其为人所不为，能人所不能者，在于心法，心法可以驭技，可以压技，可以降技。例如，传统食谱行文以及厨房操作口传"适量、大约、少许"之术语，于今最受物议，业内业外，皆曰可废，唯钟叔一士谔谔，参透中餐因地区、偏好等差异而"在味道上无法达到统一，所以在下料上也存在差异"这一法门，从而得出"适量、大约、少许"非但不可废，更不失为"最合适"之结论，令人口服心服。下厨如用兵，有一定之法而无一定之用，不执一法而无一非法，正所谓"阵而后战，兵法之常；运用之妙，存乎一心"。

素以为人间炊事，尤其高手出场，皆似极了《封神榜》里太乙真人乾元山再造哪吒：天地之间，万种材料，不过"五莲池中莲花摘二枝，荷叶摘三个来"；水火之间，千般手段，无非"将花勒下瓣儿，铺成三才，又将荷叶梗儿折成三百骨节，三个荷叶，按上、中、下，按天、地、人"乎？及至放出那心法大招，即"将一粒金丹放于居中，法用先天，气运九转，分离龙、坎虎"之后，出锅、装盘、上菜一气呵成，便端的是"真人绰住哪吒咤魂魄，望荷、莲里一推，喝声：'哪吒不成人形，更待何时！'"

调鼎者，小技尔，然而技不分大小巨细，术无论高下正邪，一切有为法，一旦应手，一朝得心，则庶几近道，且近古人之道矣。能脍炙食客之口者，其必先烂熟厨人之心。潮菜确实好吃，古人诚不我欺，钟叔实不相瞒也。

（沈宏非，《舌尖上的中国》《风味人间》总顾问）

# 序二　老钟叔的真情心解

沈嘉禄

对一座城市的了解，可以从历史、地理、气候、风貌、建筑、人情、艺文、旅游景观或者消费行为等切入，但是经验又告诉我们：结交一个志同道合、情投意合、可以促膝畅叙的朋友，就能更加感性地了解他所在的那个城市。他在言行中透露出来的学识、秉性、趣味以及待人接物的规矩和做派等等，无不是地域文化与市民生态的生动注释。虽然由此得到的结论有以偏概全的嫌疑，更可能受到个人好恶的牵引，但我仍愿意将朋友视作认识城市的一柄钥匙。

我认识老钟叔（钟成泉先生）是一个偶然，也只见晤一面，不过此后一直保持微信上的联系，彼此分享长长短短的文字，关乎美食、城市历史与风土人情。我向他报告笔耕的成绩，他向我解读潮菜的密码，我们第一时间在各自的微信群转发对方的文章，嘤其鸣矣，求其友声。老钟叔出道比我早两年，我们是同时代的人，经历相似，趣味相近，价值观趋同，眼角眉梢刻录了风雨历程，我们在品鉴美食的同时，其实也在体味人生百味。

老钟叔撰写、出版了《饮和食德——传统潮菜的传承与坚持》《饮和食德——老店老铺》两部大作，千里迢迢寄赠于我，我也饶有兴味地拜读了，而且不止一遍，每一遍都有新的感悟与收获。两部看似谈论美食的书，其实也是关于潮汕地区风土人情、文化历史以及粤东民众集体性格的文献，我觉得老钟叔足以担当潮汕的代言人，他的著作就是我走进潮汕文化的钥匙。

潮汕对我重要吗？确实，上海之于中国而言，有着举足轻重的地位，大多数上海人也一直保持着所谓国际大都市的优越感，对潮汕地区比较陌生，也少有兴趣去打探。然而作为一个文学工作者和一个对美食怀有浓厚兴趣的人，我一直对潮汕抱有深深的敬意。

纵观一百多年来，广东移民对大上海的崛起和繁华做出了卓越的贡献。广东风味也极大地丰富了魔都的味觉谱系。及至改革开放之初，潮州馆子倒是充当了一次风头十足的急先锋，甚至可以说，潮州菜唤醒了上海人的味觉记忆，或校正了年轻一代的味觉"色谱"。

小时候，坊间流传着一个俚语："潮州门槛"。这并不是一个好的比喻，它常被用于嘲讽某人精于算计、追求利益最大化而罔顾他人的权益。这其实是一种很深的偏见。根据我后来的观察，发现潮州人虽然精于算计，但一切都在公序良俗的框架内进行，他们对传统文化的守护亦是相当用心的。

从潮汕看上海，不仅多了一个视角，而且可以让今天的上海学到更多。

老钟叔就是上海人应该学习的榜样。在中国历史上虽然诞生过不少伊尹、易牙、太和公、膳祖这样的名厨，还有宋五嫂、董小宛、萧美人、芸娘等素手做汤羹的绝世佳人，但能够留下著作者几乎为零。今天我们奉为圭臬的美食典籍，一般均由文人墨客来完成，又因为用的是砚边余墨，兴之所至，别有怀抱，闲情逸致从笔端流泻，但具体到操作层面，未免疏阔而语焉不详。一直到当今，厨师仍是一门对理论知识要求不高的职业，强调的是实际操作，看重的是最终效果，知其然，不知其所以然，能够应付裕如者，便是经验主义的胜利。到今天有人抱不平：认为法国的厨师归文化部管辖，个个胜似艺术家，社会地位与世俗声誉媲美总统，而中国的厨师仍然跳不出"巫医乐师百工之人"的历史局限。但冷静下来想想，你要成为艺术家那样的厉害角色，倘若没有稍微厚实一点的文化积累，又怎能在江湖上独钓寒江雪，又如何书生意气，挥斥方遒，指点江山，激扬文字，粪土当年万户侯？

所以明白了这一点，就深感老钟叔的不一般。老钟叔是一个技艺高强的食神，我估计他肚子里装了上千种珍馐佳肴的烹饪方法——或许更多！他还会写文章，是一个文风朴实、开门见山、诙谐幽默、纵情恣意、不屑于花拳绣腿的实力派写手。他呈现给人们的文字都是真材实料的"干货"，透着诚恳和焦虑，体现着担当和勇气，也是积一生经验而娓娓道出的感悟。在进入互联网时代后，他举重若轻地完成转身，就在手机上直接书写，从三言两语到长篇大论，驾轻就熟，倚马可待，然后借助网络传播遐迩，让更多的美食爱好者分享。

现在，老钟叔的新著《潮菜心解》即将问世，这本书沿袭前两部大作的行文风格，一如既往、痴心不改地推广潮州菜和潮汕文化，而且具体到每道菜的操作流程，逐字逐句的精雕细刻，每个关键步骤的提示与关照，尤其是面壁悟道得来的点石成金的高招，实属不可告人的后厨秘密，而老钟叔都没有一分钟的犹豫，毫无保留，全盘托出。这些简洁而直白的文字，是他从业超过半个世纪的智慧结晶。有些菜式的创意与偶成，得自他早年跟师傅外出"赚红包"的急中生智，有些看似妙手偶得的菜品则来自他与徒弟共同的"长考"，但诉诸文字，无一不是他拳拳之心的忠实写照。所谓"心解"，就是老钟叔对潮菜以及潮汕文化的内心独白，深刻领悟。我在详细拜读样书时，常常掩卷长叹：这就是大师的无私奉献，殷殷教诲！

今天，神州大地云蒸霞蔚，海山日暖，餐饮界拜物质供应之丰饶，货品流转之便捷，网点星罗之格局，吃客追捧之热忱，保持着令人血脉偾张的繁荣繁华，成为拉动内需的消费热点。厨师一业的社会地位和世俗荣誉大大提升，呈现出江山代有才人出，各领风骚数十年的喜人形势。米其林等国内外美食榜单也在纷纷抢夺话语权，推行各自的评判标准，聚焦亮点，酝酿神话。凡此种种，都为中国饮食文化在全球化背景下发挥应有的影响力创造了良好的条件。那么，像老钟叔这样有追求、有成就、有情怀、有威望的业界泰斗，他们的经验与思想就更加值得仔细总结，传诸后代，成为年轻一代大厨、食神登高远望的文化基石。

（沈嘉禄，《新民周刊》执行编委、著名美食作家）

## 老鍾和的真情心解

對一座城市的了解，可以從歷史、地理、氣候、
風貌、建築、人情、藝文、旅遊景觀或者消費的
滿意切入，但是經驗及告訴我們：結交一個志同道
合、情投意合可以促膝暢敘的朋友，他生言行功
盛性地了解他所在的那個城市，他生言行功
透露出其的學識、秉性、趣味以及待人接物
的視維和姿態等，無不是地域文化為市民生

**1**

動的生動注釋。老鍾由此得以臥遊
全的媒體，更可能是孤介好惡的牽引。但我
如坐歷處婚期，視作認識城市的一柄鑰匙。
從洪識老鍾敏（鍾國泉先生）是一個偶然也
只通過一面，不過此後一直保持微信上的聯係，做
只分享長短的文字。關乎美食、城市歷史與風土
人情。我向她報告筆耕的成績，她向我解讀潮
菜的密碼，我們第一時間互曬自己的微信群醒莊

**2**

對方的文章。嘰其鳴呆，欣其友聲，老鍾敘生道
比我早兩年，我們是同時代的人，經歷相似，趣味
相近，價值觀趨同，眼角眉梢都刻錄了風雨歷程
我們主點鑒美食的同時，其實也生體味人生百味
老鍾敏撰寫出版了《飲饈老店》之《傳統潮菜的
傳承與堅持》，歡歡食德之後大作，手
裡過二寄贈於我，我也饒有興味地捧讀了兩且
不止一遍，每一遍都有新的感悟與收穫。兩部著作似

**3**

譚逸美食的書，其實這是關於潮汕地區風土人情
文化歷史以及粵東醫學集體性格的文獻，我覺得
老鍾敏是以擔當潮汕的代言人，他的著作就是我
走進潮汕文化的鑰匙。
潮汕對我重要嗎？確實上海之於中國兩言有著
舉足輕重的地位，大多數上海人也一直保持著所謂
際大都市的優越感，對潮汕地區比較陌生，也少有
興趣去探尋兩作為一個文學工作者，我對美食

**4**

懷有濃厚興趣的人，我一直對潮汕抱有深深的敬意。縱觀一百多年來，廣東移民對大上海的崛起和繁華作出了卓越的貢獻，廣東風味也極大地豐富了魔都的味覺譜系，及至改革開放之初，潮州館子也充當了一次風頭十足的急先鋒，甚至可以說，潮州菜喚醒了上海人的味覺記憶或校正了年輕一代的味覺『色譜』。

小時候坊間流傳著一個俚語：『潮州门檻』，這并

5

不是一個的比喻，它常被用於嘲諷某人精於算計追求利益最大化而罔顧他人的權益，這其實是一種很深的偏見。根據我後來的觀察，發現潮州人雖然精於算計，但一切都在公序良俗的框架內進行他們對傳統文化的守护亦是相當用心的。

從潮汕看上海，不僅多了一個視角，而且可以讓今天的上海學到更多。

老鍾叔就是上海人應該學習的榜樣。在中國歷

6

史上雖然誕生過不少伊尹、易牙、太和公、膳祖這樣的名廚，還有宋五嫂、董小宛、蕭美人、蕓娘等素手做湯羹的絕色佳人，但能夠留下著作者幾乎為零。今天我們奉為圭臬的美食典籍，一般均由文人墨客來完成，又因為用的是硯邊餘墨，興致所至，別有懷抱，閒情逸志從筆底流瀉，但具體到操作層面，未免疏闊而語焉不詳。一直到當今，廚師仍是一門對理論知識要求不高的職業，強調的是實際操作，看

7

重的是最終效果，知其然不知其所以然，能夠應付裕如者，便是經驗主義的勝利。所以今天有人抱不平：認為法國的廚師歸文化部管轄，個個勝似藝術家，社會地位與世俗聲譽比美總統，而中國的廚師仍然難以走出『巫醫樂師百工之人』的歷史局限。但冷靜下來想想，你要成為藝術家那樣的厲害角色，倘若沒有稍微厚實一點的文化積累，又怎能在江湖上獨釣寒江雪，又如何書生意氣揮斥方遒，指點

8

江山，激揚文字，真乃當世豪傑！
所以明白了這一點，就深感老鍾叔的不一般。老鍾
叔是一個技藝高超的食神，我估計他肚子裏裝了
上千種珍饈佳餚的烹飪方法——或許更多！他還
會寫文章，是一個文風樸實、開門見山、詼諧幽默、樸
情深意長，不屑於花拳綉腿的實力派寫手。他呈
現給人們的文字都是真材實料的"干貨"。這篇
誠懇細膩，體現着擔當和勇氣，也是積一生
9

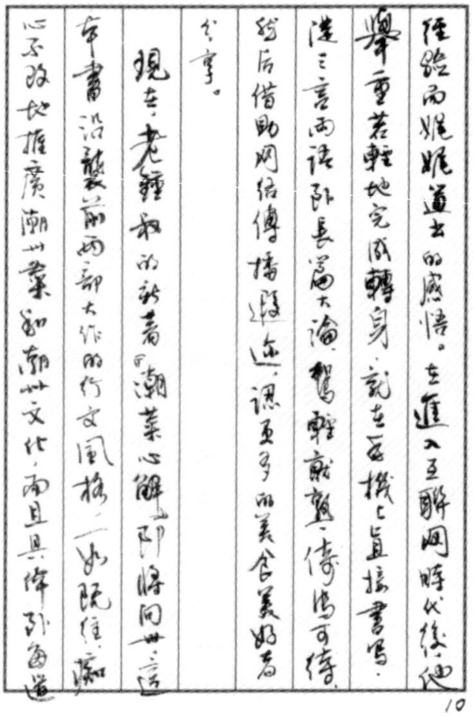
經驗而娓娓道出的感情。在進入互聯網時代後，他
舉重若輕地完成轉身，就在手機上直接書寫，
三言兩語、長篇大論，輕鬆就寫，隨寫隨傳，
然後借助網絡傳播渠道，讓更多的美食愛好者
分享。
現在，老鍾叔的新著《潮菜心解》即將問世，這
本書沿襲前兩部大作的行文風格，一如既往，傾
心不改地推廣潮州菜和潮州文化，而且具備引導
10

菜的操作流程，逐字逐句的精雕細刻，每個關鍵
步驟的提示與關照，尤其是面壁悟道得來的點
石成金的高招，實屬不可告人的傳廚秘密，而老
鍾叔卻沒有一絲一毫的猶豫，毫無保留，全盤托出。
這些簡潔而直白的文字，是他從業超過半個
世紀的智慧結晶。有些菜式的創意與做成，得
自他早年跟師傅所學"燒紅包"的急中生智，有
些看似妙手偶得的菜品則來自他與徒弟
11

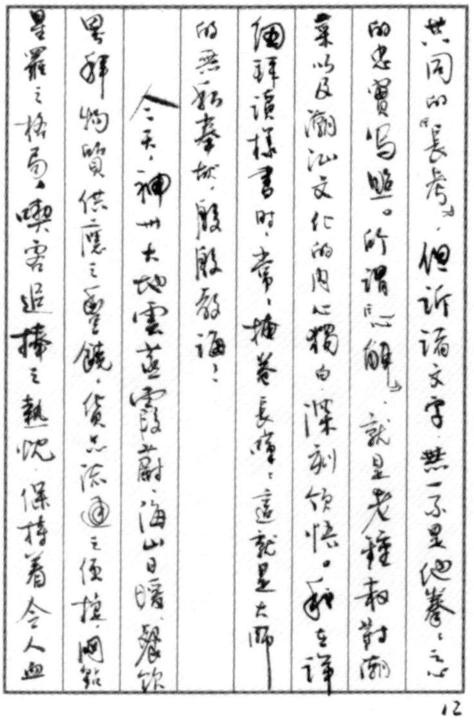
共同的"長考"。但所論文字，無一不是他拳拳之心
的忠實寫照。所謂"心解"，就是老鍾叔對潮
菜以及潮汕文化的內心獨白、深刻領悟。我在詳
細拜讀樣書時，常常掩卷長嘆：這就是大師
的無私奉獻、殷殷教誨！
今天，神州大地雲蒸霞蔚，海山日暖，餐飲
界拜物質供應之豐饒，貨品流通之便捷，網絡
星羅之格局，嘆客追捧之熱忱，保持着令人迷
12

脈賣張的繁榮繁華，成為拉動內需的消費

熱點。廚師一業的社會地位和他佐榮譽大大提昇

呈現出江山代有才人出，各領風騷數十年的喜人

形勢。米其林等國內外美食榜單也走紅一亮相

李語語摧榜！方角的評判標準，影佳一亮絕

醞釀神……話。凡此種……都為中國飲食文化

全球化背景之發揚應有的影響力，創造了良

好的條件。那麼，儘老鍾和這樣有過硬

有成就、有情懷、有感悟主的業界泰斗，他

們的經驗與思想就更加值得好好總結、傳譜

後代成為年輕一代大廚食神登高遠望的

文化基石。

己亥年正月二十八日謹為

鍾成泉先生大作《潮菜心解》序言

海上城南寄廬沈嘉祿

# PART I

## 上篇

### 潮菜简述

# 我对潮菜烹饪的理解

## 简扼说明

目前，在"口试"味道还很盛行的中国菜肴中，编写一本统一味道，统一烹饪时间和统一量化的菜谱，是非常困难的。所以"适量、大约、少许"等常用烹调词汇在应用上还是比较通行的。

以下几点理解供大家参考。

一、味道上无法达到统一。区域性的生活习惯差异，很多地方都存在。同一品种菜肴由于区域上味觉不同，所以在调料上也存在差异。最典型的是潮汕卤水，它用"适量"二字是最合适的。例如卤鹅卤鸭，潮州市的味道是偏甜的，而澄海则有的偏咸，有的偏淡。

二、时间上无法达到统一。烹制任何一个菜肴，都会因火力、炉具、食材大小等因素，而无法达到时间上的完全精确，所以才经常会出现"大约"二字。例如食材在整块（肉类），整条（鱼类），整只（鸡、鸭等）需要一起烹制时，就会出现腌制用料不同和应用时间不同。

三、数量无法达到量化统一。很多单品菜肴在炒制时，调酱料的投入是很难用数量多少来量化的，这时候它的适用方法就只能是"少许"了。最典型要算胡椒粉的应用，当一个菜品或一个汤品在完成后需要撒上胡椒粉时，"少许"二字最能体现出来。

四、烹调法中的"蒸"，在潮汕的厨房中习惯称为"炊"。为方便更多人对本书的了解，统一采用"蒸"字。

五、炒锅，潮汕人称为"鼎"。本书中出现的"鼎"，与外地的炒锅为同一类工具。

## 论烹饪中的变化

烹饪选材——知，挑，选，辨，拣。

功夫展示——洗，切，配，煮，调。

出品呈现——色，香，味，型，器。

菜肴完成——鲜，纯，量，质，价。

这就能说明一个菜品从初加工到完成的完整过程。如果这种合理解释不是长期在实践中领悟出来的，那一定是糊弄的，因而站不住脚也不能服众。很多原因导致现在的菜品与之前有所不同，其中最主要的应是时代变化和食材变化。

## 论酒楼食肆的出品关系

酒楼食肆以前会根据生意的好坏进行开餐前的品种准备，而今是根据生意好坏而进行鲜活准备。以前注重味道的变化，现今注重鲜活的表现，"吃鲜无吃味"是新时代进步的需求。

这种现象使原来的一些烹调手法被弃用而无法体现价值，这说明传统烹调手法因时代变迁而发生了根本性的颠覆。

## 论食材挂浆的影响

挂浆是食材在烧、炸前进行的保护方法，这在烹调中是极为重要的，因此就挂浆进行剖析，达到理解烹调的意义所在，才能领略其精妙之处。食材经过反复加工到进入烹调时，对食材进行挂浆是烹饪需要，其目的是：

一、对食材进行保护，以免烧焦变煳，致使营养成分减少、破坏或流失。

二、保证食材的调料和腌制的味道不流失，更入味。

三、让食材在口腔中更能呈现酥、脆、松、香、嫩的特点。

## 论勾芡对食材的影响

食材在完成菜肴出品时需要勾芡。

一、勾芡是烹调手段的完美体现。当菜肴烹制完成时，必须用勾芡的手段完成的，就一定要勾芡。

二、勾芡过程就是利用薄粉水进行收紧汤汁，让汤汁的味道附着在食材身上，让其更具风味和营养。

三、勾芡是菜肴回靠还味的护身，让营养不流失，保证口感嫩滑，这是勾芡的典型表现。

# 潮菜菜单的格式

　　潮菜除了成品菜肴之外，很多辅助手段也是必不可少的。比如菜单，一张好的菜单能起很好的帮衬作用，它能让你记住酒楼食肆，记住出品。印象中，潮菜的菜单可能简单了点，但再简单也是形式上的需要。你只要把内容详细地看一遍就知里面别有天地了。

　　一、从筵席菜单就能看出该宴席是代表喜事还是丧事。喜事内容包含了结婚、乔迁、生日、公司签约等；丧事的酒席多出现在富贵家族中。

　　二、筵席菜单能体现季节特点，因为潮菜筵席更注重春、夏、秋、冬的食材之分。

　　三、筵席菜单能体现筵席的价值标准和潮汕各区县的特色。

　　四、筵席菜单体现了菜名的规范，又有易懂易记的特点。过去潮菜菜单的书写格式，多为竖写，并且从右往左，文字简洁，以四字、五字居多。菜名以实体、形象命名为主，花巧的冠名比较少。

　　几张菜单实例，仅供参考。

### 春季菜单

彩丝大龙虾，原锅酱香鸡，炭烧大响螺

油泡麦穗鱿，潮式炸蟹枣，上汤灌双脆

酿百花鱼鳔，梅只焗鹅掌，淋料蒸鲳鱼

双色水晶球，红烧大白菜，姜薯鸭母捻

## 夏季菜单

五彩海蜇皮，原盅蟹肉燕，油泡六月鳝

凉冻金钟鸡，七星冬瓜盅，三丝酿蟹钳

白灼大响螺，脆皮烧大肠，古法酿珠瓜

鲽香炒鱼蓬，虾米鲜笋粿，清甜马蹄泥

## 秋季菜单

四拼大彩盘，鲍鱼焖婆参，糯米香酥鸭

原锅酱焗蟹，醉汤金钱菇，酿炊金鲤虾

焖天梯鹅掌，梅汁蒸鳝王，豆仁秋瓜烙

美味糯米盒，鲽鱼炒芥蓝，反沙金银条

## 冬季菜单

潮式卤鹅肉，砂锅大群翅，美味焗大虾

黄金炸蟹卷，焯菊花墨鱼，陈皮炖羊肉

酿炊百花鸡，炸脆浆大蚝，火腿大芥菜

煎龙头鱼烙，潮式咸水粿，古法落汤糍

# 厨房的掠菜碗望

　　掠菜碗望，实际是厨房操作性的菜样，潮菜厨师在根据菜单所需食材进行准备工作时约定俗成的记号，有了这个记号，厨房的工作才能有序地进行。

　　过去潮菜厨房各案头工种是这样分配的：砧板师为配菜，头砧板为主厨或总厨，其作用为总负责，其他砧板为切配助手。炒鼎师傅在潮汕被称鼎脚，主鼎（头鼎）负责比较好的筵席菜；其他炒鼎为辅助炒手，日常负责餐前准备和配合主鼎上席。在炒鼎至砧板之间有一位置，叫作"打和"（珠三角一带称为"打荷"），其作用是协调砧板和炒鼎、蒸笼之间的工作安排。厨房的其他设置是蒸笼、煲炉、打杂、洗菜、洗盘碗、传菜等。

　　由于有了一个约定俗成的掠菜碗望，大家一目了然，这使厨房各个工种的配合工作方便了许多。当主厨把菜单里写到的菜品用掠菜碗望摆放在打和台上时，各个工种就会根据掠菜碗望里的菜样而准备，不需要主厨逐一安排，省了很多事，所以在厨房中掠菜碗望特别重要。

　　那么掠菜碗望是用什么菜样做代表的呢？

　　菜单出现十二样菜肴时，主厨就会设置十二个小碗，摆放上配料或记号：蒸蟹，它的碗望记号必定是姜米粒；炖乌耳鳗，它的碗望记号必定是一片酸咸菜；油泡鲜鱿，它必定是蒜泥粒；红焖海参，它的碗望是一粒红辣椒；如果是红焖之类，就在红辣椒上加粒蒜头；五柳酸甜鱼，它的碗望是配料五柳丝或者五柳粒，五柳丝或五柳粒是用五样瓜果蔬菜切成的；烧炸类，它必定是彩盘花头之类（花头，即是人工雕刻的食品花卉），意思是烧炸类必须使用彩盘。

　　这些掠菜碗望真是全凭潮汕人的灵气，一个很简单的工作记号，足以让你领略潮菜厨房之精彩故事。

# 潮菜烹饪中上汤熬炖的方法

"未做菜先熬汤"，这是潮菜师傅最考究的味道。

原材料：老鸡2只，鹧鸪8只，排骨5000克，赤肉5000克，腰龙骨（椎骨）5000克，火腿250克，罗汉果1个。

调配料：白糖，味精，盐，姜，葱，桂花酒各少许。

操作程序：

1. 将老鸡斩成两半，排骨斩成大块，腰龙骨斩块，瘦肉剁烂做成肉团，开水将鸡、鹧鸪、肉团、排骨焯水后，用清水漂洗干净。

2. 取大生铁深锅一只，放入竹篾垫底，依次把老鸡、排骨、肉团、腰龙骨、鹧鸪、火腿叠放在锅边沿，中间要尽量露空，罗汉果放在中间底部，形成凹凸状以便舀汤。

3. 开水注入锅内，调入少许的味精、盐、白糖等，旺火烧沸后抹去浮沫，再转慢火炖4小时，一锅上汤就熬成了。（注意水要盖过肉料。）

汤水呈现出蜜饯柑黄色，汤清见底，甘纯如露，几滴油花支撑着肉香气味饱满，真让人叫绝。这就是潮菜独有的熬上汤法，也是通常所说"明火暗滚"的静止炖法。

很多厨师说，如果把上汤熬好了，潮菜的出品已成功一半了。

# 烹调法的简述

烹者，火候也；调者，注入食材，赋予一定时间，相互补缺，达到入味之道。让菜肴完美，其呈现之手段即为烹饪之方法。

浸法——食材在烹饪过程中经常用到，具有让食材发软、膨胀、熟透的作用。

泡法——食材需要恢复原体时，让其发软、膨胀，目的是便于烹饪，易于入味。

煮法——在烹调法中是一个比较简单的烹饪手法，有直接煮、半煎煮、熬煮等，通过这几种煮法让食材膨胀，熟透，入味。

炒法——猛火烧鼎，快速煸炒，适应于让食材在短时间内出香，熟透，菜肴呈现出嫩滑，清脆，糊汁紧身。

炖法——直接用阳火炖叫明炖，特点是猛火烧沸，慢火熬煮，在一定时间内让食材烂透入味，汤汁浓香醇厚。用隔水带蒸汽炖法称为静止炖法，大多数是用在清炖方面，其目的是汤清如澈，其汁如甘。

焖法——有生焖和红焖之分，根据食材的需求控制火候，用时间呈现出宽糊，多汁或收汁入味。

煎法——用平鼎在慢火中煎熟食材最适宜，过程要用少许的油，任何菜肴在烹制中都有半煎和全煎两种，目的是使菜肴酥脆和提香。

蒸法——利用蒸汽对食材穿透而熟，达到菜肴整体成型完美的效果。

焴法——用一定量的食材，在一定时间内用慢火熬煮，完成菜肴的入味熟透。

炸法——调控油量和温度，去烹制成品或半成品，其过程就是炸。操作得好，菜肴至少完成一半。

## 潮菜中的主要蘸碟

**酱油** 大众调料品，黄豆制品，酵化豆味香。主要蘸点：鱼类菜肴、肉类菜肴、鸡鹅鸭等。

**鱼露** 潮汕调料品，鱼香味道。主要蘸点：猪脚冻、鱼冻、蚝烙、秋瓜烙等。

**甜酱** 白糖熬煮，有少许葱膀香。主要蘸点：烧炸类如虾枣、蟹枣，肝花，烧鸡、鹅、鸭。

**梅膏酱** 青梅果子熬糖制成，有果酸味，带甜。主要蘸点：白焯螺类、墨鱼、鱿鱼等。

**豆酱**　黄豆熬煮后腌制酵化，气味浓烈，地方风味独特。主要蘸点：鱼饭、白斩鸡、边炉菜品。

**辣椒酱醋**　辣椒酱与米醋调成，酸辣味道。主要蘸点：腌制类，如虾菇、冬蛴等。

**川椒葱油**　葱茸爆过，加川椒末和酱油，椒味葱香突出。主要蘸点：烧羊肉、烧鸡、烧鲍鱼等。

**蒜头米醋**　蒜头粒加米醋，醋酸香味道突出。主要蘸点：卤鹅及一切卤味类。

# 潮菜常用刀法

直刀法——此刀法适用带脆的食材，其运用在手掌与腕力，切配上垂直起落运作，适用于瓜果和豆腐制品之类。

推拉刀法——此刀法适合相对柔韧的食材，其运用在手掌和腕力，切配上是刀往前推进的同时再往后轻拉，如鱼肉和一切肉类的切片。

平刀法——此刀法适宜食材的平片，运用手法在手掌握刀，拇指轻按刀把，做平行姿势，另外左手掌压住食材，让刀与砧板平行，切配上多为肉类，效果上达到厚薄均匀。

斜刀法——此刀法适宜对个性较强的食材进行分解，运用手法是手掌握刀，刀口向内或向外，用腕力运作，切配上以片、块最佳，特别是食材纹路呈现片状最适宜。

滚刀法——此刀法适宜圆柱形食材的切配，特别是要切成棱角状时，一边翻滚一边切，所用的刀法即是滚刀法，食材如萝卜、莲藕、山药等。

剁刀法——食材由大变细，由粗变粒，由粒变茸，都可以采用直刀剁法，这是食材改变形状的最佳手段，要注意的是腕力的合理使用。

砍刀法——此刀法适宜砍断粗块带骨，并且有硬度的食材，使用时需要一定的力量，要注意的臂力的使用不宜过大。

雕刀法——此刀法适宜精细的工艺雕刻，操作时左右不停变换，不规则地运刀，定能让菜肴更有艺术感，例如冬瓜盅、笋花等。

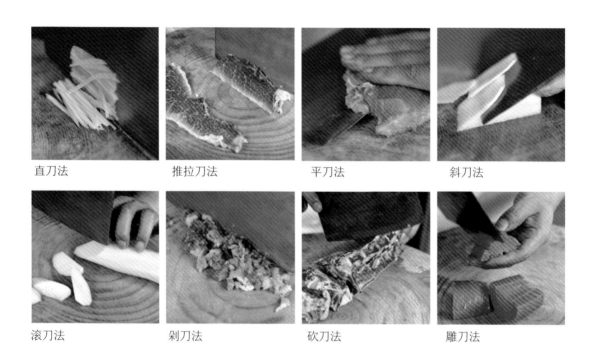

直刀法　　　　推拉刀法　　　　平刀法　　　　斜刀法

滚刀法　　　　剁刀法　　　　砍刀法　　　　雕刀法

潮菜常用的笋花雕刻

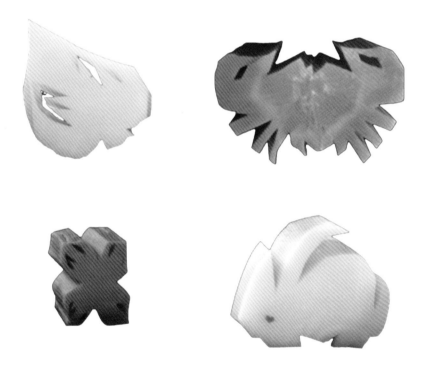

# PART II

## 下 篇
### 一百零八种潮汕味道

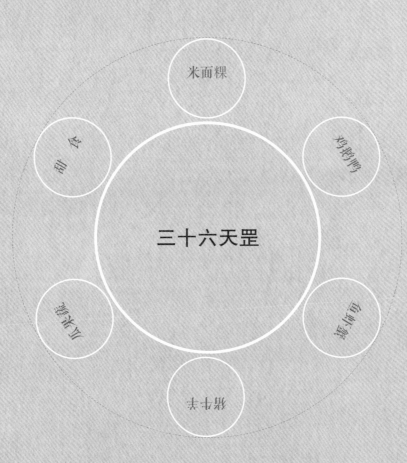

米面粿

鸡鸭鹅肉

河鲜海味

表表影

瓜果菜蔬

甜 食

三十六天罡

# 榄仁海鲜炒饭

**原材料**

大米饭400克，榄仁25克，鲜虾仁50克，熟蟹肉25克，雪花肉粒100克，湿香菇2个，鸡蛋2个，葱珠50克，姜米少许。

**调配料**

味精，胡椒粉，鱼露，酱油，生油。

**操作程序**

1. 将榄仁用油炸至金黄色后盛起待用；鸡蛋用筷子打成蛋液待用；湿香菇切细待用。

2. 烧鼎热油，鸡蛋炒熟装入碗中；姜米、湿香菇爆香后加入虾仁粒和雪花肉粒，炒熟后盛起。

3. 将大米饭倒入鼎中翻炒，洒入少许清水，让饭团松散，再将炒好的鸡蛋、香菇、虾仁粒和雪花肉粒汇入，炒匀后调入酱油、味精和胡椒粉，让其入味，再加入蟹肉，反复炒至鼎气上升，最后加入葱珠和榄仁，翻炒均匀即可。

　　一道扬州炒饭相传上千年，让许多人不理解，不就是白米饭加点料去炒吗？

　　一路走来，我也是带着这个"疑惑"。粟子炒饭、芋头炒饭、腊肉炒饭、鸡蛋炒饭、葱花炒饭等，炒饭的方法方式太多了。

　　在汕头市标准餐室学厨时，有一天，罗荣元师傅忽然说要烹制一个菜远活肉炒饭给大家开眼界。只见他切了几片猪肉，择得几片嫩菜心叶，配上几个香菇，迅速下鼎炒熟，含着芡汁淋在一碗热腾腾的白饭上，即刻宣布完成。

罗荣元师傅继续说道，炒饭冠名容易，主要看食材变化。取生鸡蛋去壳放入热饭中，再淋上料汁即可起名叫活蛋炒饭。原来饭还可以这样炒的。

从隋朝以来，古运河上的扬州人把剩饭用来复炒，添肉加料，加入鸡蛋，从北到南，从南到北，一路飘香。最多的时候，食材达到了13种！这就是让大家记住了的扬州炒饭。

榄仁是南方佳果的核仁，海鲜是潮汕沿海特色，如今我用榄仁、鲜虾仁、鲜蟹肉、鲜鱿鱼来炒饭，目的就是要告诉大家，炒饭也是可以这样做的。

# 姜香活蛋粥

### 原材料

煮粥大米200克，猪杂骨500克，鸡蛋1颗，油条1根，生姜50克，青葱1条，芫荽1株。

### 调配料

葱花，芫荽，味精，鱼露，胡椒粉，少许猪油。

### 操作程序

1. 大米淘洗干净，倒入砂锅中，加入清水，煮开后加入猪杂骨，再用慢火熬煮至汤稀粥烂，去掉杂骨待用。

2. 猪肝、猪肉切薄片后用生粉水拌均护身，猪粉肠切成小段，生姜切成末，油条切碎。

3. 生姜末放入粥中熬煮5分钟后再把猪杂等烩入，调入味精、鱼露。

4. 取8个大碗，在每个碗里打入一个生鸡蛋，然后将滚烫的稀粥倒进碗中，放上油条碎花、葱花、芫荽，再撒上胡椒粉即成。

粤式早餐的粥品有很多套式冠名，例如猪润窝蛋粥、艇仔花生粥、生滚牛肉粥、生滚鲩鱼粥、皮蛋瘦肉粥、咸骨菜干粥等。

不管用多少种原材料去套入，都离不开煮得稀巴烂的毋米粥，这与潮汕人煮的粥有着根本性的不同。

　　此处介绍的是一种失传了的潮汕煮法及第粥,它出身于标准餐室,与广府式烹制有某些相似之处,又有改良的手段,因而让很多潮汕人喜欢。遗憾的是,由于烹制程序烦琐,该煮法渐渐被疏远。

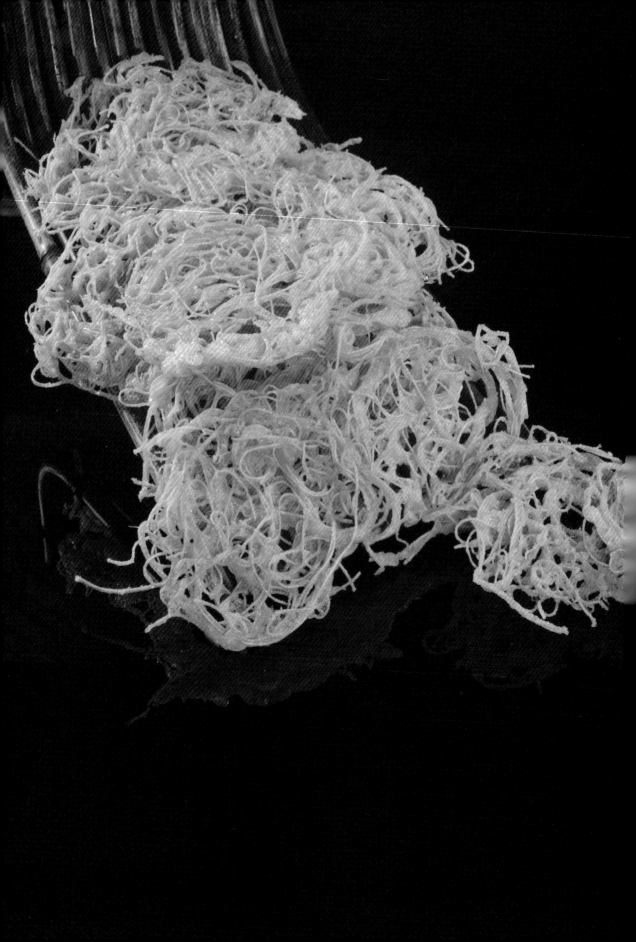

米 面 粿

# 蛋香面线圈

**原材料**

普宁咸面线200克，鸡蛋6个，反沙糖粉100克，食用油若干。

**调配料**

生油，糖粉。

**操作程序**

1. 咸面线用开水泡开，去掉一部分咸度，捞起晾凉后分成12份。

2. 将鸡蛋打成蛋液待用。

3. 烧鼎热油，油温控制在中温程度，将小份面线团蘸上蛋液后放进油里炸，入油后用筷子迅速反转，炸至坚挺捞起，上桌时配上糖粉。

**特点**

酥香松脆，咸中带甜。

心解

　　一种非常普通的小吃，操作简单，但你可能未曾尝过，甚至从没见过，更不可能烹制过，今天将它做出来了，请记住吧。

　　炸面线圈的故事：

　　一群朋友在一起吃饭，有人说他的奶奶炸普宁咸面线非常好吃。他说小时候看见老人家用面线蘸鸡蛋油炸，他们便围着奶奶讨要吃，油炸的面线撒上糖粉，吃起来更加可口。

　　在潮汕民间，有很多烹饪高手是不显山露水的，再普通的食材，一旦发挥得当，出品也是让你意想不到，甚至望尘莫及的。

　　依样画葫芦，经过厨手的认真烹制，一盘完美的炸面线圈出炉了。

# 番茄煎粿条

**原材料**

潮式粿条500克，鸡蛋2个，番茄2个，番茄酱50克，鲜虾仁100克，肉片100克，葱段50克。

**调配料**

酱油、味精、白糖、生粉水、猪油均适量。

**操作程序**

1. 先将切成细条的粿条用少许酱油上色；烧鼎热油后把粿条放入鼎中，摊平，再将鸡蛋打成蛋液，淋入粿条后用慢火煎至双面金黄。

2. 将番茄用开水烫一下后去皮，去籽，用刀切成小块；将鲜虾仁和肉片炒熟后汇入番茄、番茄酱和葱段，煮成酱汁即可。

3. 煎好的粿条和煮好的番茄鲜虾酱同时上桌，体现出干炒与湿炒的特色。

与众不同的潮式煎粿条，带有金黄色的酥脆，当番茄的酱汁淋在上面时，嗞嗞嗞欢快的响声瞬间唤起你的食欲。

这是一盘与众不同的炒粿条，它的烹制方法突破了干炒与湿炒的固定模式，用干炒的手法将粿条独立煎制，让其表面金黄，口感酥脆。再用湿炒的方式将番茄与肉调成酱汁，然后把两者分开同时上桌，客人可根据自己的喜好选择酱汁的多寡，实在是皆大欢喜。

# 潮式咸水粿

**原材料**

粳粉200克，生粉25克，盐8克，清水500克。配置碟形模具40个。

**操作程序**

1. 将粳粉和生粉混合在一起，加入盐后再注入清水，慢慢搅拌成米浆。

2. 碟形模具洗净擦干后抹上油，再注入七分米浆，然后放入蒸笼蒸6分钟后取出，

   待凉透后用竹批脱模，水粿成形。

3. 分别将菜脯、蒜头剁碎，用油爆至金黄色。

4. 食用时先将水粿蒸热，再加入煎好的菜脯粒，淋上一点酱油，再配上潮式甜酱。

**特点**

柔滑清香，咸甜适口。

当一个个雪白的水粿从蒸笼中拿出来，看到师傅拿着小竹批轻轻地从模具中挑出成形的水粿时，你便能体会到师傅的辛苦。虽然烹艺烦琐，但他们一丝不苟，制作的却是价廉物美的地方小吃。

这是一种久远的味道。毫不起眼的水粿与豆腐花、草粿、无米粿等都是被人挑街落巷，在吆喝声中叫卖的。

如今在一些酒楼食肆也可以吃到咸水粿，这要感谢潮味师傅们，是他们不遗余力的坚持，我们才能品尝到这古早味。他们明知利小，但知道传承下去的意义不小。他们默默坚守着，为的是不让这些地方风味小吃失传。

好样的！

# 虾米鲜笋粿

**原材料**

粳米粉500克，鲜笋1000克，猪肉200克，鲜虾100克，干虾米
50克，香菇。

**调配料**

味精，鱼露，胡椒粉，上汤，湿粉，麻油。

**操作程序**

1. 粳米粉用开水冲后搅拌，和成粉团，然后分成小粒团，逐粒
   擀成薄皮。

2. 鲜笋去壳，煮熟捞起漂凉后切丝或切粒均可；将猪肉和香菇
   切成丝；鲜虾和虾米剁碎。

3. 烧鼎热油，将肉丝、鲜虾、香菇、笋丝和虾米放入鼎里翻
   炒，调入鱼露、味精、麻油、胡椒粉等，炒熟后加入适量生
   粉水收汁，形成笋丝馅料。

4. 取粿皮放在掌心，再装入笋丝馅料，然后用手夹起，用阴阳
   手掌压住封口让其黏合，形成粿球包，放入蒸笼蒸8分钟取
   出，吃时煎香即可。

**特点**

皮柔馅爽，味道鲜甜。

古老的潮州味道，不变的家乡情结。

在众多潮汕地方小吃中，韭菜粿、鸭母捻、潮
汕粉粿和虾米笋粿等总是耐人寻味。

　　走在潮州牌坊街，寻找古早味，这虾米笋粿算头牌。特别是六七月份，韩江两岸种植的水稻大米，磨浆后冲成粿皮，经过反复搓揉产生筋道，再包上潮州江东鲜笋调成的虾米笋料。尤其重要的是一定要加入胡椒粉，这样做出来的虾米笋粿皮柔馅爽，味道鲜甜，清香可口，胡椒香窜鼻，风味独特，回味无穷。

# 手撕盐水鸡

**原材料**

光稚鸡1只，稚姜1块，青葱250克。

**调配料**

味精，盐，麻油，生油均适量。

**操作程序**

1. 光稚鸡清洗干净，用少许盐把鸡身擦遍，腌制15分钟，达到肉质紧缩后，放入蒸笼蒸15分钟。

2. 分别将稚姜以及青葱的葱白部分切丝，用盐和味精搅拌均匀。烧鼎热油，将姜葱爆香待用。

3. 把蒸熟的鸡取出后拆肉，鸡骨剁小块垫底，用手将鸡肉撕成粗丝，再与姜葱丝拌匀之后盖在鸡骨上面即可。（注：也可把姜葱丝调成蘸碟。）

客家人的干盐焗鸡，手撕慢嚼，其特殊味道影响甚广。他们的烹制手法，大多是采用光鸡先腌制，然后用丝纸包裹，再放入炒热的海盐里，用慢火焗至熟透，盐的咸味渗透入鸡肉，产生了客家饮食文化的气息。烹制一只干盐焗鸡所花的时间相对较长，很多酒楼食肆会有难为之处，尤其在潮汕。于是潮汕酒楼食肆纷纷改用盐水蒸汽焗法，这样既有盐焗的味道，又保证了肉质的嫩滑，方便快捷，一举两得。

前辈柯裕镇师傅烹制的手撕盐水鸡，就是利用蒸汽的穿透力，让光鸡吸收盐分后再拌上姜葱丝，其味道不逊于干盐焗鸡，浓郁的客家饮食文化由此绵延……

# 川椒鸡球

**原材料**

光鸡1只，珍珠菜50克，白膘肉5克，青葱2条。

**调配料**

川椒末、味精、胡椒粉、鱼露、麻油、白糖、薯粉、生油均适量。

**操作程序**

1. 光鸡洗净擦干水分，用刀将鸡肉取出，用横直刀轻放纹路，再改成方块待用。

2. 珍珠菜取叶，洗净待用。青葱洗净切细，拌上白膘肉用刀剁末待用。

3. 烧鼎热油，把珍珠菜炸至碧缘酥脆，以垫盘底用。

4. 烧鼎热油，鸡肉拌上芡汁后放入鼎内溜过，熟透沥干油分，把剁好的青葱末放入鼎中爆香，再调入川椒末，注入少许上汤，调入味精、胡椒粉等兑成川椒糊汁，再把鸡球回鼎，迅速翻炒后装入垫有珍珠菜叶的盘中，即成。

　　贝松平先生曾向我透露过一件事。他远在中国香港的叔叔贝世雄先生，拥有百乐潮州酒家若干家。他对潮州菜的出品是精益求精，单就一个川椒鸡球的纯正性，他就带领过一班厨师来汕头东海酒家学习品鉴过，可见潮菜"川椒鸡球"的魅力。

　　随着时间的推移，一直是好味道的川椒鸡球似乎已无人提及了。我细细观察，出现这种现象有两个原因：

一、食材流通了，可挑选作为烹制菜肴的品种多了，人们不知不觉地就淡忘了。

二、可能是烹制川椒鸡球的手法变了，把原先炒好的川椒拿去碾末了，不是捶臼和过筛斗的，所以炒起来的川椒鸡球不好吃了。

我在记录古法川椒鸡球的时候，有一句熟悉的话在耳边回响："热鼎软油炒鸡球"。这一口诀告诉你，厨房的操作是有规律性的，任何一种违反规律的烹制程序都会适得其反。因此烹制好川椒鸡球，要注意以下几点：

一、光鸡要稚嫩，起肉去骨要干净。

二、川椒末与葱末匹配比例与鸡肉的量要均等。

三、鸡肉下鼎前一定要用薄粉浆护身，起鼎时一定兑糊，让川椒末回靠在鸡球身上。

# 稚姜酱香鸭

## 原材料

光鸭1只，粗猪骨500克，稚姜400克，蒜头25克，豆酱50克，辣椒酱25克，青蒜2条，芫荽2株。

## 调配料

味精、麻油、酱油、酒、白糖、生粉水、生油均适量。

## 操作程序

1. 将光鸭洗净，剁成大约3~5厘米的块状；稚姜去皮后切片；蒜头剁成蒜末；豆酱碾成泥后待用。

2. 烧鼎热油，将蒜头放入鼎中煎至金黄色后，加入豆酱泥和辣椒酱再热煎一下，然后将鸭肉倒入炒香，边炒边加入酱油、白糖、酒、麻油，直至鼎气旺盛再注入开水。稚姜粗猪骨作为盖肉料与鸭肉一起焖15分钟。

3. 15分钟后，去掉粗猪骨，调入味精，勾芡即可。

## 特点

鸭肉鲜嫩，稚姜微辣清香。

这是一道客家菜肴，它用等量的嫩姜来衬托着鸭肉，是下饭送酒难得的美味，让人难忘。

在讲究色、香、味、形、器、温上，我更注重香、味、温。在菜肴的理解上，味道如果不到位，摆漂亮的形态、用高档的器皿，虽然可能赢得一时称赞，但实质上是达不到标准的。

从味道上来讲，酱香稚姜焖鸭是完美的，它是用酱香的手段让鸭块入味，再使用等比的稚姜，让姜的辣味渗入鸭肉，在慢火焖熟和收汤成汁时，味道醇厚，香味浓郁。

多年前我在深圳客家王首次品尝到酱香稚姜焖鸭，多年后又在大埔县品尝到这道客家名菜，其做法也是使用了大量的稚姜。

我询问一当地人，为何使用那么多稚姜。他说，梅州地处山区，水性偏寒，故而多吃一些带热性、带辣味的食物来祛寒。

哦，原来姜的使用比例是有讲究的，不是胡投乱扔而就。人类聪明，地域上的任何环境差异都可以适应，阴阳互补、相生相克就是这样的。

鸡 鸭 鹅

# 糯米酥鸭

**原材料**

光绿头鸭1只，糯米50克，莲子10克，虾仁25克，瘦肉25克，鸡胗25克，鸡肝25克，虾米10克，湿香菇2个，栗子10克。

**调配料**

味精，胡椒粉，盐，白糖，酱油，麻油，生油，薯粉，甜酱。

**操作程序**

1. 将鸭子从颈部去除骨架，保持全鸭。

2. 糯米洗净蒸熟，与切成丁的虾仁、肉丁、鸡胗、鸡肝和莲子等炒成馅料后装入鸭腔内，再用竹签将开口封紧。把鸭摆好，放上姜葱，放入蒸笼蒸30分钟后取出，挂上浆色。

3. 烧鼎热油，在油温偏高时将鸭子放进去炸，炸的过程中要用热油淋在鸭身上，使上色均匀，待整只鸭呈金黄色时捞起即成。上桌时适当装饰并配上甜酱和餐刀，以便切细食用。

**特点**

外皮酥香，肉质鲜嫩，馅料鲜香柔糯，造型美观。

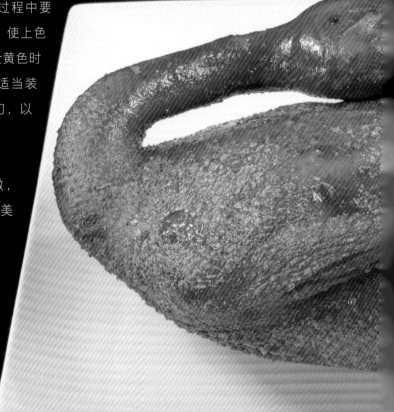

心解

一只在水边游走的绿头鸭，被烹者三五下就扒成了光鸭，此时有烹者提议做成荷包菜肴，这确实是个好主意，改变了过去的卤、焖、炖等做法。

于是，鸭子在厨师的刀下被卸去整个骨架，成了一只干瘪的光鸭。又在糯米、莲子、虾米、肉丁、胗肝和栗子等的支撑下，恢复了原先的饱满。再通过蒸制，上色，油炸，整只鸭子就脱胎换骨了。

曾有烹者想用"脱胎换骨"来为此鸭冠名，怎奈潮菜中类似的菜品太多了，便就此作罢。最终在史料记载上发现此菜取名叫"炸糯米酥鸭"，你觉得好听吗？

我一直在想，教义上形容凡夫俗子想得道成仙，必经历千刀万剐的，炼狱于人间，才能脱胎换骨。就如这只绿头鸭一样备受折磨，方成美味。

做鸭真辛苦！

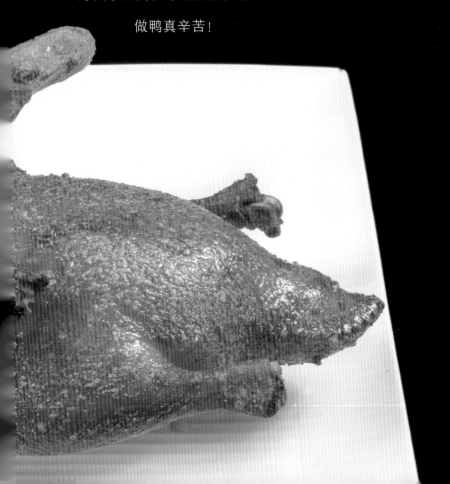

# 巧烧雁鹅

**原材料**

潮式卤鹅前胸肉2片。

**调配料**

噎汁，酱油，胡椒粉，味精，白糖，脆浆粉，生油。

**操作程序**

1. 先将脆浆粉用水和开，再用小碗调入味精、酱油、胡椒粉和噎汁，拌匀待用。

2. 烧鼎热油，待油温偏高时，将鹅胸肉挂上脆浆后放入热油中炸至金黄色即捞起，倒干鼎里的油，将鹅胸肉放回鼎中，泼上噎汁即可盛起。接着热油，淋入准备好的配料中，调成胡椒油。（炸鹅胸肉时浆糊不宜过厚。）

3. 干烧后的鹅胸肉用刀斜切后一片一片依次叠放，淋上胡椒油，上桌时配上甜酱。

**特点**

外酥内柔，肉香浓郁，是佐酒佳肴。

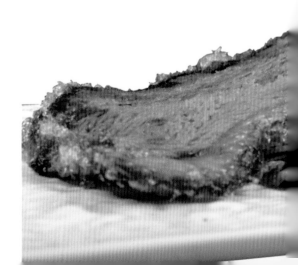

心解

这是一个不得已的改变，人类的贪婪欲望，把天上飞的、地上跑的和水里游的都拿来食用，渐渐破坏了生态，导致资源短缺，于是才想起要保护它。

潮菜中有一个名菜叫干烧雁鹅，此菜肴在过去是冬令时节才有。北雁南飞时，人们为了捕获雁鹅，便拿一把铳枪，在寒冬腊月的夜晚守候着。当听到雁声掠空而过时，他们举枪射击，不管有无，天亮便知打中多少，只管悉数拿到酒楼食肆去卖。厨师们把雁鹅去毛，挖出铅子，洗净雁鹅身躯进行卤制，待熟透捞出，放凉后取出胸肉进行挂浆油炸，这便是古老的干烧雁鹅烹制法。

现如今雁鹅受保护，聪明的潮汕人便把家养的草鹅拿来代替雁鹅，这才有了巧烧雁鹅这个菜肴的出现。

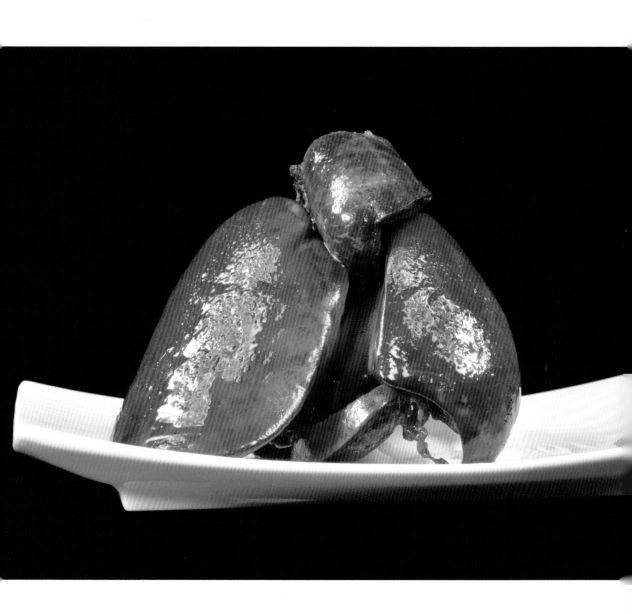

# 潮式卤鹅肝

潮式卤味有太多种了，所以我称卤味为"潮菜第一味"。

卤水味汁可以分为糖色起卤、酱油起卤和本色卤三大卤水体系。本色卤水是一种不添加任何色素的卤水体系，它只添加必要的辅助食材来增加香气，达到使食物入味可口的目的。它适宜鸡、鸭、鹅，也适宜猪肉、羊肉等。

酱油色卤水是一种利用酱油兑开的卤水体系，在添加必要的辅助香料后，它可随时用完随时再起新卤水，保持卤汤新鲜，也可以在中途再添加。它适合猪肉、猪肠、鸡蛋、豆干等。

糖浆色卤水是一种最古老的潮汕卤水体系，它原始上是用糖通过加热产生色素，然后调入水和盐，再添加辅助香料，达到浸卤条件。而这种卤水的最大优点是反复使用，形成老卤水。潮汕卤鹅卤鸭就是在这老卤水中得到味道香气，因而广受青睐。

潮式卤鹅肝，一道受到很多人欢迎的卤味菜肴，采用浸卤的形式，把鹅肝烹得经典，一度是潮汕人孝敬老人的绝佳食品。

**特点**

营养丰富，鲜活嫩滑，醇厚甘香。

# 潮式煮鱼冻

**原材料**

鲜鱼1000克，青蒜、芹菜、青葱、姜丝适量。

**调配料**

味精，鱼露，胡椒粉，生油。

**操作程序**

1. 鲜鱼刮去鱼鳞后洗净，切成日字块；分别将青蒜、芹菜、青葱洗净后斜切成小段待用。

2. 烧鼎热油，将青蒜炒熟盛起待用；中火将鱼块煎至表面金黄时加入开水，煮至鱼汤呈现出乳白色，再加入炒好的青蒜和芹菜、葱、姜丝，调入味精、鱼露和胡椒粉。

3. 当鱼汤煮至浓缩黏稠后起锅盛入深盘，让其自然冷却，形成鱼冻。食用时切成片，鱼露加入少许胡椒粉作为蘸料。（很多鱼都可以烹制鱼冻，但是本人认为海鳗鱼和赤鲸鱼为佳。）

**特点**

柔滑冰爽，鲜美清香。

普宁市流行着一种鱼冻，它是将草鱼横身切块，用清水煮熟后让其冷却而成。食用时蘸上普宁特色豆酱及酱油，别有风味。

这是经过多次演变而成的城市家常菜肴，其优点

是加入了配料和调料，连同汤汁一起形成鱼冻了，吃起来更加鲜甜美味。

　　以前这道菜在冬天才有，如今科技发达了，冰镇技术普遍使用，因而想吃这道菜不必再等到冬天了。

# 酸梅盖料炊鱼

**原材料**

鲜鱼1000克，酸梅100克，白肉25克，稚姜1小块，湿香菇2个，辣椒1个。

**调配料**

味精、酱油、白糖、胡椒粉、麻油、生粉水、猪油均适量。

**操作程序**

1. 鲜鱼开膛去肠去鳃，刮去鱼鳞洗净，放在鱼盘上待用。

2. 酸梅去核，压碎；白肉、稚姜、湿香菇、红辣椒均切成菱形小片，再调入味精、酱油、白糖、胡椒粉、麻油、生粉水和猪油，搅拌均匀后盖在鱼身上。

3. 将鱼放入蒸笼，用大火蒸10分钟，熟透后取出即成。

（注：淡水鱼和海鱼都可以使用此法，可整条也可剁块烹制。）

蒸鱼的方法有很多种，淋料蒸和盖料蒸在潮菜中是最典型的烹调手法。

一、淋料蒸是指鲜鱼蒸熟后，再用芹菜段、姜丝和白肉丝炒熟后调上芡汁淋在鱼身上；或将姜葱丝覆盖在鱼身上，再淋上酱油和热油。

二、盖料蒸主要是将配料汇在一起，加入味料拌匀后盖在鱼身上，放进蒸笼，蒸熟后无须加料便可直接上席。

香港的林坚先生曾经问过我："什么是盖料蒸，目的是什么？"

我告诉他，有三个方面可以解释：

1. 盖料蒸有覆盖的意思，选择辅助食材加入调味料后盖在主食材身上，让主食材直接入味，这就叫盖料蒸。而辅助食材中又有多味可选择，除了酸梅之外，冬菜、贡菜、萝卜干、豆豉、乌榄角都可以。

2. 潮菜在蒸鱼中，选择盖料蒸往往是为了方便上菜，以及掩盖对烹调时间把控不准的问题。特别是大型宴会，在前期准备和出菜时间上难以把控，选择盖料蒸是最合适的。

3. 食堂式的出品选择盖料蒸也比较合适，尤其是分位式的盖料蒸，因为客人有的先来，有的慢到。

# 潮式炸虾饼

**原材料**

小沙虾250克，脆浆粉250克，鸡蛋1个，青葱2条。

**调配料**

味精、盐、胡椒粉、生油均适量。

**操作程序**

1. 先将小沙虾洗净沥干；将脆浆粉化开后加入鸡蛋、青葱珠、味精、盐、胡椒粉和少许生油，再加入沙虾，搅拌均匀待用。

2. 取平匙，抹上薄薄的油，将拌好的脆浆虾放入平匙，轻轻压平，再放入油中炸，注意翻转，逐个炸成饼状。

3. 虾饼炸至金黄色捞起即可，食用时配上甜酱。

**特点**

口感酥脆，味道鲜美。

沿海一带，家乡味道，最离不开的是虾饼。

小时候，海边滩涂多，左邻右舍结伴到浅海滩捕捞，偶尔捕获鱼类、螃蟹和小沙虾。

量少时，一般留自家食用，加点面粉，打个鸡蛋，加入生油，拌上葱花，然后用平匙装入脆浆和虾，用手轻轻抹平，再放入油中。炸至一定时间，平匙和虾饼会自动分开，一个酥脆的鲜虾饼便大功告成。

　　入口品尝之，酥脆间伴着鲜味，弥漫在舌尖味蕾中，让你无限感慨，这就是家乡味道。

　　如今堤围拦截，堤围的一侧高楼林立，另一侧惊涛拍岸，滩涂难觅。我一生向往的潮菜烹艺瞬间缺少了田野之风、滩涂之韵，真的有点遗憾。

　　记录它，为的是寻求原始的味道。

# 手打鲜虾丸

### 原材料

新鲜沙芦虾1000克，白肉50克，马蹄肉50克，鸡蛋1个，芹菜适量。

### 调配料

味精，盐，胡椒粉，麻油，上汤。

### 操作程序

1. 将白肉、马蹄肉、芹菜切成细粒。

2. 鲜虾剥去头部和外壳，用刀剔去虾背的沙肠，洗净吸干水分后放在干净的砧板上，用刀面拍成虾胶。

3. 用盛器将虾胶装起，加入味精、盐和鸡蛋清，然后拿筷子用力搅打成 胶状，再加入白肉、马蹄肉，搅拌均匀后用手挤成虾丸，放入蒸笼蒸7分钟。

4. 将上汤煮沸，加入芹菜粒，再将蒸好的虾丸汇入即成。

虾丸个性高傲，要烹制一份好的虾丸，需要注意的地方太多了。

前辈师傅们强调：

一、虾肠要去净，里面有微沙。

二、虾肉洗后水分要吸干，含水的虾肉会影响它的脆弹。

三、除了挤丸外，应尽量减少手部与虾胶的接触。因为手的温度会加速虾胶反水。

信不信由你。

# 秘制腌膏蟹

原材料

膏蟹2只，绍酒1瓶，蒜头10粒，青蒜2条，带头芫荽2株，生辣椒2个，生姜1块，花椒15克。

调配料

酱油2瓶，味精、盐、冰糖、曲酒各适量。

操作程序

1. 先将膏蟹用绍酒浸泡半小时。

2. 蒜头拍碎，分别将青蒜、芫荽、生辣椒切成寸段；生姜切片；花椒炒香拍碎。将全部配料放入盆内，调入少许味精、白糖、盐和冰糖，用手将配料搓出味道后再加入酱油和曲酒，拌成腌料。

3. 将膏蟹从料酒中捞起，放入腌料中，以淹过蟹体为佳。静置腌制6至8小时即成。

4. 食用时将蟹捞起，拆盖，蟹身切成8块，蘸辣椒醋最佳。

生长在海边的人，生吃海鲜是必须的。在无污染的年代，生蚝、生虾、生鱼片，蘸点自己喜欢的酱料，那种带有海水韵味的鲜甜是无与伦比的。

潮汕人喜欢生吃，但更喜欢经过腌制的生腌海鲜类，诸如腌蚝、腌虾、腌虾蛄、腌三目蟧、腌螃蜞、腌大闸蟹等。在潮汕，甚至连贝壳都腌制，诸如薄壳、红肉米、钱螺鲑、血蚶等。

潮汕人将此类腌制品戏称为"毒药"，意思是一旦品尝过，就会上瘾，欲罢不能。

我也极其喜欢此类生腌海鲜、贝壳，但我在腌制时会在消毒和增香上做足功夫。本人认为消毒、增香有两方面：

一、酒在浸泡清洗中起到消毒杀菌的作用，食用时蘸辣椒醋也对切蟹、摆盘时有可能接触到的细菌起到杀灭作用。

二、生蒜头、生辣椒、生姜、花椒的加入也不可或缺，有杀菌、消毒和增香的作用。

至于腌制的味道，潮汕人各有所好，不求统一。

# 香煎姜米蟹

**原材料**

肉蟹2只约1200克，白肉25克，上汤50克，葱2条，姜1块，辣椒1粒。

**调配料**

味精，胡椒粉，鱼露，喼汁，生粉，生油。

**操作程序**

1. 先将肉蟹掀去蟹盖，去鳃洗净后剁块，用刀将蟹螯打破。

2. 将葱切珠，姜、辣椒和白肉分别切成细粒待用。

3. 烧鼎热油，将干生粉撒在蟹块表面，然后放入热
   油炸至熟透干身，捞出沥干。再将白肉炒至出
   油后加入姜、葱爆香，加入炸好的蟹块，注
   入上汤，调入味精、胡椒粉和鱼露
   后翻炒，至汤汁收干，出锅前再
   洒上喼汁即成。

**特点**

鲜味突出，香气扑鼻。

何为煎碌呢？我至今弄不明白。这"煎、碌"二字，让人挠头半个世纪。

柯裕镇师傅曾经演示过很多名菜肴的做法，其中不乏干煎虾碌、茄汁虾碌、香煎肉蟹碌，干煎鲳鱼碌等。

他曾经说过煎、碌的关系应与西方菜肴有关，西方菜肴有很多是煎后加料洒汁，让其入味，具有中菜煎、烙的意思。广州师傅也有把"段"称作"碌"，烙与碌是不是音误就不得而知。

我是相信的，因为西方的菜肴可学，味道也可取，至于冠称有误译就勿究了。

# 南乳风片肉

**原材料**

五花肉1000克，芋头500克，蒜头2粒，辣椒1个，姜1块，青葱2条，芫荽2株。

**调配料**

南乳汁，酱油，味精，白糖，白酒，生粉，生油。

**操作程序**

1. 将五花肉切成10厘米左右的薄片，放入盆内；蒜头捣烂，姜拍碎，辣椒、青葱、芫荽切段后一同放入盆内，搅拌均匀后再加入南乳汁、白糖、酱油、白酒和味精，用力揉捏让五花肉入味，然后腌制20分钟。

2. 芋头去皮，切成薄片。

3. 烧鼎热油，将芋片炸酥脆后垫在盘底，再把腌制好的五花肉表面撒上薄生粉，逐片放入油中炸至呈浅褐色时捞起，放在芋片上面即成。

**特点**

外酥内嫩，香味浓郁，是佐酒佳品。

心解

味道悠悠扬，风吹也飘然。

二十世纪六七十年代，物资匮乏，猪肉都是按额配给的，连饮食店的售卖也是按一定的额度供给，厨师们只好把猪肉切得如风吹竹叶片一样，大家叹为"风吹肉"。真是：观其肉薄如丝纸，品其味入口即化。

　　记得有一次，我与罗荣元师傅为富有人家烹制酒席赚取红包。原计划在酒席上烹制芋香扣肉，但由于时间紧迫，来不及制作，罗荣元师傅灵机一动，把肉切薄了，用南乳汁腌制，同时也将芋头切薄片炸了——一道传奇菜肴南乳风片肉就此诞生，自此我便记住了这道菜。

# 杏仁炖白肺

**原材料**

猪肺1个，猪杂骨1000克，南杏仁100克，芫荽2株。

**调配料**

味精，盐。

**操作程序**

1. 将猪肺心管套入水龙头出水口，开足水力，冲至整个猪肺流出血水，将血水冲洗干净后与杂骨分别焯水，洗净待用；杏仁用清水泡浸。

2. 将猪肺、杂骨和杏仁放进锅里，再加入芫荽和清水，用大火烧沸后转慢火炖40分钟。

3. 将炖好的猪肺和杂骨、芫荽捞起，将猪肺切成小块，再放回锅里，调入味精、盐，加入生芫荽点缀即可。

潮汕人尚烹识吃，此话不假。外地人嫌弃的鸡、鸭、鹅等家禽内脏，却被潮汕人烹制成各种菜肴，款款美味。猪、牛、羊等家畜的内脏也一样，只要到了潮汕人的手中，就能独立烹制，单品出售，让你惊叹。

在汕头市，最经典的要数胡椒炖猪肚。信步大街小巷，定能看到原汁猪肚、原味猪肚等摊档。这道杏仁炖猪肺也是一个用猪内脏做的炖品菜肴，算不算古早味暂且未明。

　　1971年我刚入厨时，看到先我入厨的大师兄陈友铨先生在水龙头下冲洗猪肺，水从整个肺部的四周流出。问及如何烹制，他说炖杏仁白肺，我由此记住了这道菜。

　　医理上说以形治形，那么用猪肺炖的汤，应该是对人体肺部有益的。而杏仁又具有止咳润肺的功效，将杏仁和猪肺合在一起炖就是绝配了。

　　潮汕俗语有云：有食有补，无食空心肚，补唔着肺哩补着嘴。

# 青椒炒牛肉

**原材料**

牛颈肉300克,青椒6个。

**调配料**

沙茶酱、蚝油、辣椒酱、味精、酱油、白糖、麻油、生粉水、生油均适量。

**操作程序**

1. 将牛颈肉切成薄片,用酱油、白糖腌制后挂上薄粉水待用。青尖椒去蒂、掏空籽后洗净待用。

2. 烧鼎热油,先将牛肉拉油后捞起待用。再将青尖椒放入油锅内炸至外皮起泡后捞起沥干,再放回鼎中,用酱油入味后装盘。

3. 热鼎,加入蚝油、沙茶酱、辣椒酱、白糖、味精和生粉水,调成酱汁后加入牛肉快速翻炒均匀,起锅覆盖在青椒上面即成。

**特点**

口感柔软微辣,鲜香突出。

沙嗲酱,原产于东南亚一带,不知道在哪个年代传入潮汕,逐渐演变成潮汕美食的一个符号,为方便,遂取名沙茶酱。

早年间,汕头有一名叫"叽鸠"的师傅制作的沙茶酱最好吃。据说他制作沙茶酱需要用到六七十种食、药材,还得经过多道工序才能完成。

后来由于公私合营，汕头很多制作沙茶酱的作坊被集中在一起生产，沙茶酱被冠名为迎春楼牌，一直沿用至今。潮汕人一直用沙茶酱炒牛肉，非常好吃，乃至留下了好口碑。

蚝油，是盛行珠三角一带的调味酱，它的蚝鲜味道突出，烹制菜肴变化多端。特别是蚝油牛肉，其嫩度、鲜味是用其他酱料都难以达到的。

虽然潮汕的沙茶牛肉和广府的蚝油牛肉都非常出色，但是时间长了，再好的味料炒牛肉都会产生味觉疲劳。

忽然有一天，东海酒家厨房里的兄弟们用潮汕沙茶酱的香气和珠三角蚝油的鲜味，还有湖南辣椒酱的辛辣，碰撞出了一道微辣鲜甜而香滑的炒牛肉来，奇妙之味让人惊喜。

于是乎，我将其记录下来。

# 五香卤牛肉

**原材料**

鲜牛腿包肉2500克,肥肚肉1000克。

**调配料**

生姜、南姜、青蒜、辣椒、芫荽、桂皮、八角、丁香、大茴、小茴、五香粉适量、酱油1瓶,草菇酱油、味精、盐、白糖、白酒均适量。

**操作程序**

1. 牛肉用刀切成条状,用清水和青蒜、生姜煮至五成熟。

2. 肥肉用锅煎出油,加入少许清水,倒入酱油、草菇酱油和开水,再把卤味料依次放入(五香粉暂慢放入),煮沸后校对味道。

3. 半小时后,再把牛肉放入浸卤,出锅前10分钟加入五香粉,让其入味提香。

4. 将熟透且入味的五香牛肉捞起晾干,吃时切成薄片,蘸南姜末糖醋最佳。

(注:此卤法适应牛肚、牛脚趾和其他部位的牛肉。)

在20世纪50年代末至60年代,老汕头市曾经有过几个卖五香牛肉的路边摊点,中山公园门前、人民广场、大华路星群制药厂旁。他们的五香牛肉香味扑鼻,吊在小贩摊车玻璃内的牛肚、蜂巢肚、牛脚趾、牛肺、牛脾在夜间汽灯的照射下着实耀眼,让你见之垂涎欲滴。

　　儿时的记忆是，用一分钱切一片牛肚，然后用竹签穿着，蘸点南姜末糖醋后放入口中慢嚼，当糖醋的味道淡去时，又再从嘴里拿出来蘸多一下，这种再蘸多一次南姜末糖醋的兴奋至今让人记忆犹新。

　　如果说今天想要寻回过去那种味道，我认为跃进路的五香牛肉，是最接近古早味道的。

# 羔烧羊腩肉

**原材料**

东山羊腩肉1500克，瘦肉500克，杂骨500克，青蒜2条，姜1块，生辣椒2个，生葱2条，芫荽2株，陈皮1片，八角2粒，川椒15克。

**调配料**

酱油，味精，麻油，白糖，白酒，生粉，生油。

**操作程序**

1. 羊肚腩肉整块用开水煮熟透后捞起，用酱油和生粉调成色浆，然后趁热涂抹在羊肉上，让其着色10分钟。

2. 烧鼎热油，在油温偏高时放入羊肉炸至金黄色捞起。取大锅一个，垫一块篾片在锅底，以防粘锅。然后放入炸好的羊肉，依次把杂骨、肉皮、青蒜、生辣椒、生姜、芫荽、陈皮、八角、川椒放入，注入酱油、白糖，再加入滚汤或开水。

3. 旺火烧沸，慢火焖炖至软烂入味后取出，拍上干粉，同时取出原汁待用。

4. 把葱切成葱茸，剩余川椒炒热碾成末，然后用油煎成川椒葱油，汇入羊肉汤汁烹制成羔烧糊汁。

5. 烧鼎热油，在炖好的羊肉上薄拍一层生粉护身，后放入油中，炸至外皮酥脆后捞起，切成日字块。羔烧糊汁垫底，把剁好的羊肉放在羔烧糊汁上面即可。

**特点**

肉入味皮酥脆，风味独特。

"羔烧"二字，很多潮汕人都会认为是甜品的特有冠称，诸如羔烧白果、羔烧芋泥、羔烧番薯等。

它们的烹制过程都是要先用白糖进行腌制，让其脱去水分，然后再进行熬煮，形成糖油黏稠和入口如甘的状态。但是我一直找不到"羔烧"二字的字义所在。

突然有一天，陈芳谷先生说应该是潮阳、普宁一带所说的炣饭、炣菜的音误。他说道："炣、烧"二字，在潮阳、普宁人心目中，炣应为煮，烧应为收汁的意思，故而形成了炣烧的叫法。

我认为这是非常合理的解释，羔与炣在潮阳、普宁中的发音有近似，所以延续炣饭、炣菜、炣肉的叫法，炣烧芋块、炣烧白果、炣烧番薯也就合理。

至于为什么会写成"羔烧"呢？这可能需要语言学家们或地方俗语工作者去深入研究了。

有意思的是，在潮菜的肉食菜肴中，唯独"羔烧羊腩肉"让我至今弄不明白为什么要用"羔烧"二字。

当我说起对"羔烧"二字的疑问时，师兄陈汉华先生说道："这可能也是一个谬误，原本这道菜是北方的烧羊羔。北方人用刚出生不久的羊羔，通过腌制后直接烧来吃，稚嫩可口。这一直是北方人喜欢的菜肴。"（在传统相声报菜名中就有提及蒸羊羔、烧花鸭、蒸熊掌的句子。）

有意思，北方人用刚出世的羔羊仔来做一道蒸羊羔，这就好像南方人用小乳猪烹制的烧乳猪一样。

师兄陈汉华先生继续说道："后来的人喜欢吃羊羔的肉，但量又少，故人们就选择羊的肚腩来代替，久而久之就演变成今天的羔烧羊腩肉了。"

此菜如今已经无人做了，为了不被遗忘，便记录在案。

# 陈皮炖羊肉

**原材料**

羊肉1000克，瘦肉杂骨500克，新会陈皮1片，南姜1小块，竹蔗1小节。

**调配料**

味精，精盐。

**操作程序**

1. 羊肉用刀剁成小块，焯水过后清洗干净，将瘦肉杂骨焯水后清洗干净。

2. 取深砂锅一口，把竹蔗切半后放入锅内垫底，然后放入羊肉，将瘦肉杂骨放在羊肉上面，加入陈皮、新鲜橙皮和南姜，再注入开水。

3. 热火烧沸，后转慢火煲煮，适时加入少许盐，刮去泡沫。一个小时后，再去掉瘦肉杂骨、竹蔗、南姜等，调入少许味精和盐，至此便完成。

这是一个用阳火慢炖完成的肉质汤品，烹制过程是知料，直观，容易判断。

南方人主要选择在入秋至冬天吃羊肉，理由是能补身，热身。而过了这个时段食用则容易燥热、上火。所以南方大部分售卖羊肉的店铺都选择半年供应、半年休息的经营方式。典型的有广州西关大乡里的羊肉档，汕头市公园头的姚记羊肉火锅店。

　　陈皮，广东三宝之一，产于新会，所谓陈即是老货，能为陈者必定存放多年。

　　老陈皮具有疏肝益气、健脾和胃、清燥热等功效，搭配羊肉熬炖，既能达到去腥下燥热之效，又能疏肝益气顺甘味，真乃绝配。

# 花生秋瓜烙

**原材料**

秋瓜（丝瓜）1条，薯粉50克，花生仁25克。

**调配料**

味精，胡椒粉，鱼露，生油。

**操作程序**

1. 秋瓜去皮，切丝，加入薯粉，用手抓均匀，再调入味精、胡椒粉、少许鱼露搅拌后待用。

2. 将花生炒熟后去膜，用石臼将其捣成碎末待用。

3. 平鼎烧热，注入生油，将秋瓜丝倒入鼎中，用铁铲轻轻抹平，注意摇转，保持不粘锅，直接煎至双面金黄，上菜时撒上花生末即可。

夏转秋，是秋瓜成熟期，烹调师傅最喜欢把它煎成秋瓜烙，口感软糯，鲜甜。记录它，皆因它在瓜果蔬菜中具有不可挑战的地位。

# 冰冻南瓜块

**原材料**

南瓜1个，白糖750克。

**操作程序**

1. 南瓜去皮去瓤和籽，用刀修去边缘部分后切成日字块或长三角形。

2. 将南瓜块逐层摆进锅里，边摆边撒上白糖，至完全覆盖南瓜为止，再放置阴凉处24小时。

3. 用中慢火将南瓜糖水煮至变成浓缩的糖浆，后取出放凉。

4. 将蜜制好的南瓜放入冰柜冷藏，食用时再取出。一片凉透了的甜南瓜便完成。

**特点**

口感软糯，甘甜冰爽。

经过一天一夜的蜜制，南瓜已经脱水了，糖也化水了，再将南瓜煮至水分挥发，让糖水浓缩，南瓜的口感和味道更佳。

炎热的夏天有时候让人精神不振，食欲下降，一片冰凉的蜜制南瓜能让人感觉神清气爽，暑气顿消。

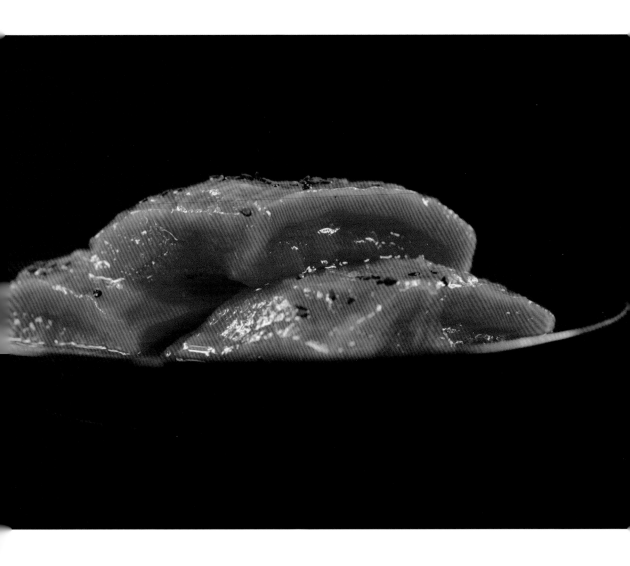

# 挂浆荔枝果

**原材料**

新鲜荔枝20颗，乌豆沙250克，脆浆粉500克。

**调配料**

葱、白糖，生油。

**操作程序**

1. 新鲜荔枝剥皮挖核，吸干果汁，再将乌豆沙分成20份，逐份酿入荔枝肉内待用。

2. 用水将脆浆粉和开，加入少许生油，使其润滑，增强脆感。

3. 烧鼎热油，将荔枝肉逐粒挂上脆浆后放入油里炸，炸至酥脆金黄即可捞起。吃时蘸甜酱即可。

**特点**

外皮酥脆，果香浓郁，味道清甜。

## 心解

　　1974年与蔡希平师傅去帮人家做寿宴，作为帮手的我，当看到蔡希平师傅用一瓶荔枝罐头来烹制菜肴时，有点惊呆了。我内心想，这种食材居然也能代替鱼肉类来烹制菜肴。

　　是啊！在二十世纪六七十年代，国家处于困难时期，物资紧缺。当时政府提倡节俭和变新，餐饮业也不甘落后，纷纷创新。于是乎，瓜果、蔬菜便代替鱼肉走上餐桌，成为时尚。例如金瓜芋泥、反沙金银条、煎丝瓜烙等。

　　"瓜菜代"，一个时代的烙印。在那个缺鱼少肉的年代，它们曾经辉煌过。如今食材丰富，鱼肉充足，它们依然备受欢迎。

# 开胃番茄羹

**原材料**

番茄8个，上汤500克。

**调配料**

白糖，盐，味精，生粉水。

**操作程序**

1. 将番茄用开水浸烫约2分钟后捞起用清水漂凉，剥皮去籽，
   加入上汤，用搅拌机搅拌成酱。

2. 将搅拌好的番茄酱倒入锅里，加入少许清水一起煮，加入适
   量味精、盐、白糖，勾芡即成。

**特点**

酸中带甜，口感润滑，是开胃佳品。

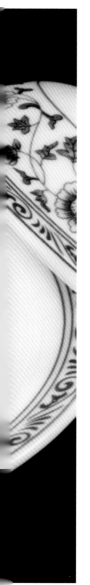

心解

　　番茄炒蛋，是一个南北通晓的家居菜肴，谁都会炒几下。

　　番茄蛋花汤，是一个职工食堂经常出现的大众汤菜。

　　开胃番茄羹，是酒楼食肆的厨师经过多少次烹制才悟得的一个汤羹。它的出现让很多人重新认识了番茄，改变了番茄在菜肴中长期充当配角的地位，使它也能独立成为一个菜肴。

　　医生介绍，男性朋友长期食用番茄对前列腺有好处，我曾开玩笑说这可能会导致番茄这一食材供应紧张。

# 酱香炒白茄

**原材料**

白茄500克，大蒜50克，普宁豆酱25克，猪油150克。

**调配料**

味精、酱油、盐、生油均适量。

**操作程序**

1. 将白茄去蒂，放入油中炸一下，捞起用清水漂凉洗净，剥去外皮，再切成5厘米小段。大蒜头剥去外衣后用刀拍碎。

2. 烧鼎热油，把大蒜放入锅中炒至金黄，加入豆酱渣，然后把白茄倒入翻炒，加点清水让蒜香和酱香渗透白茄，再调入味精、盐、酱油、勾芡装盘即可。

**特点**

酱香、蒜香独特。

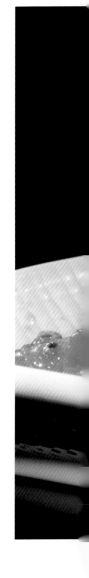

心解

这是一个有过争议的果蔬。

电视上曾经介绍过生吃白茄能吸附人体的脂肪，达到减肥的效果，很多人便不顾白茄的生涩口感而大吃，难咽之味让人非议。

炒白茄是要费油的，这是不争的事实。在瓜果蔬菜中，野菜都费油。如果没有油脂或肉汁，这些野菜是难以入口的，例如苋菜、珍珠菜、益母草、荠菜、厚合菜、地瓜叶等。

那么涩口的白茄算不算野蔬呢？

炒白茄的独特风味得益于肥猪油和蒜香酱料的辅助，而且在味觉上还要偏咸一些，您不妨去试一下。

# 鲽鱼炒芥蓝

原材料

澄海芥蓝1000克，鲽脯（方鱼、大地鱼）1个。

调配料

上汤、鱼露、麻油、胡椒粉、生粉水、猪油均适量。

操作程序

1. 摘取芥蓝菜心，去枝留叶，根茎剥去外皮。

2. 鲽脯去除头部、外皮和脊骨后把肉切成小块。

3. 烧鼎，加入猪油，将鲽脯放入爆香后再加入芥蓝一同翻炒，

适时注入上汤，调入鱼露、味精、胡椒粉、麻油和生粉水，

然后迅速翻炒均匀，收汁后装盘即可。

　　只要你到潮汕酒楼食肆，点上一盘芥蓝，店家一定会跟你说：炒鲽脯芥蓝。

　　"猛火，厚膡，香腥汤（鱼露）"，代表着潮菜的灵魂。我认为这很大程度与这炒鲽脯芥蓝菜有关，当然还有蚝烙。

　　青脆的芥蓝菜心，柔嫩的菜叶夹带晨露清新的蔬菜气息。鲽脯在鱼露的烘托下，鱼香味极其浓郁。这就是忘不掉的潮菜味道。

# 古法落汤糍

**原材料**

糯米粉500克，清水200毫升。

**调配料**

黑（白）芝麻、花生米、乌糖（白糖）、葱珠膀、芫荽、猪油均适量。

**操作程序**

1. 芝麻炒熟后碾碎；花生米炒香去膜后碾碎；白糖反沙后碾成粉。然后将芝麻碎、花生碎和糖粉汇在一起，拌成芝麻花生糖粉。

2. 糯米粉用开水冲搅成团，揉搓后放入蒸笼蒸至熟透，再放入大钵内用棍搅拌起筋。

3. 将糯米团煎至表面金黄后，用剪刀修剪成小块装碟，淋上少许葱油，再撒上芝麻花生糖，点缀芫荽即成。

**特点**

口感柔韧，香甜美味。

**心解**

落汤糍，也有可能叫落糖钱，一个连出处都无法追溯的甜食就这样在潮菜潮味中流传。

既然是古法的烹制，那就离不开传统的手工操作了。

你想学吗？有点复杂，还有点费劲，必须耐心。

甜·食

# 葱珠胜芋砖

**原材料**

芋头1个（约1000克），白糖400克，青葱2条，猪油25克。

**操作程序**

1. 芋头去皮，切成砖块状，用白糖腌制让其脱水。

2. 青葱切细后用猪油爆成葱油，盛起待用。

3. 将腌制好的芋块煮沸，然后用慢火熬至水分收干，再加入葱
   油翻动一下，让其入味即成。

**特点**

口感绵糯，香甜可口，葱油香味突出。

心解

　　带有家庭作坊手法的芋砖，在潮汕的甜食中其实是不算太甜的，它的烹饪手法介乎反沙和炯烧之间。此菜品适合喜欢甜食却怕太甜的人食用。

　　用芋头烹制的品种有很多，例如炯烧芋泥、反沙芋块、炸芋酥、炸芋泥油粿、松鱼炆芋头、荔茸酥鸭等。

但是用一个似甜非甜的芋块作为出品，是比较大胆的。

# 芝麻甜捞面

**原材料**

竹槌手擀面条100克，黑（白）芝麻5克，乌糖（白糖）50克，青葱1条，猪油50克，芫荽少许。

**操作程序**

1. 芝麻炒熟碾碎；乌糖碾粉后过筛；青葱切细后用猪油爆成葱油待用。

2. 将面条放入开水中煮，煮的过程分几次加点冷水，待面条熟后捞起沥干，用碗盛起，再分别淋上葱油，撒上糖粉，点缀芫荽即成。

**特点**

筋道柔爽，香甜可口。

心解

潮汕人真怪，在理解北咸南甜的饮食特点时，把纯甜食也加入到鲜甜的菜肴系列中来，让你收获意想不到的味觉享受。例如甜绉纱肚肉、清甜乌石参、乌糖甜豆干等。

一碗泡面，一碗干捞面，搭配上海鲜、肉片、肉饼、肉丸，灌上骨汤，便是一碗碗鲜甜的面汤。

而潮汕甜汤店也不甘示弱，非要煮出一碗甜汤面来（不过有人更喜欢干捞面）。

于是乎，配上葱油、芝麻、芫荽和糖粉，一碗完美的甜食干捞面就应运而生了。

# 莲叶东京丸

**原材料**

鲜莲叶1张，蛇舌草25克，东京薯丸50克，红糖100克。

**操作程序**

1. 将莲叶和蛇舌草洗净，放入砂锅中，加入清水煮沸，出味后捞去莲叶和蛇舌草，放入红糖，将水再次煮沸后滤净杂质。

2. 将滤好的莲叶水温度调在90摄氏度左右，用手将东京薯丸慢慢地撒入锅内，边撒边摇，使其不粘锅。

3. 此时的东京薯丸中心会带有白点，一定要让它离火后有回浸的时间，白点才能消掉。

一道消暑的甜汤品，由于简单、价廉而逐渐被遗忘。

其实这是一个古早味，过去在六月暑热的天气，能得到一碗清凉消暑的甜汤，那是再畅意不过了。

莲叶消暑解渴，蛇舌草凉肠去火，再加上东京薯丸也能去心火，淀粉还能充饥，红糖更有解毒的功效。

你说这碗莲叶红糖水东京薯丸好吃吗？

# 甜绉纱肚肉

原材料

五花肉1000克（四分瘦六分肥最佳），白糖400克。

调配料

青葱，猪油，生油。

操作程序

1. 五花肉切成两块正方形，再用清水煮沸，让其熟透并释放出部分脂肪。当肉达到软烂程度时捞起，挂上薄酱油后晾干。

2. 烧鼎热油，将五花肉放入热油中炸，边炸边用钢针刺透肉皮一面，让其释放出脂肪的同时防止爆皮溅油。炸至呈浅褐色时将肉捞起，用清水洗去表面油脂，然后用白糖进行腌制。

   36小时后，将腌制好的五花肉放入锅内用慢火熬煮，让糖与肉融为一体。

4. 食用时切成小块，再将青葱切细，用猪油煎至呈浅褐色后淋在五花肉上即成。

（注：此甜绉纱肚肉如配上芋泥、八宝糯米饭可做扣品出现。）

特点

肉质晶莹剔透。

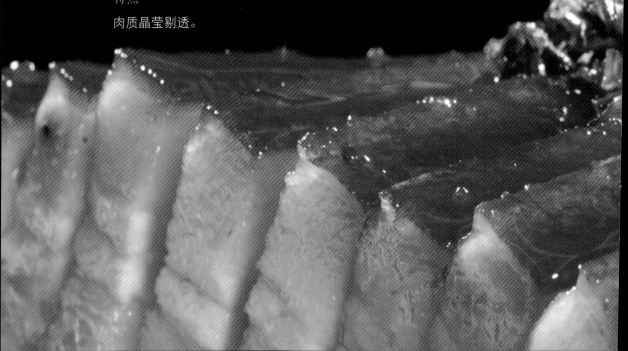

心解

一块甜五花肉让我至今捉摸不透。

记得是1995年10月，我们几个好友相约到香港，受到了周昭彬先生的热情招待。他在河内道金岛燕窝潮州酒楼设宴请客，并特地交代了厨房大师傅许锡泉先生烹制了一道甜品。

当这个甜品端上桌后，很多汕头朋友感到惊讶，这竟然是甜五花肉和芋块烩在一起。朋友们都质疑猪肉烹制成甜品好吃吗？

其实甜五花肉早就有了，罗荣元师傅在标准餐室授课时就曾经烹制过，取名甜绉纱肚肉。

实话实说，关于这个五花肉甜品，是我至今最弄不明白的一道甜品，一直不想做，而且也差点把它忘了。

其理由有两点：

一、用猪肉来做成甜品，其根源何在？

二、为什么叫绉纱肚肉，肚肉可以理解，绉纱的理由呢？

师兄弟薛信敏先生说过，这可能是肚肉的猪皮被炸后起皱皮沙面的缘故吧！如果是这样的话，那应称为甜皱沙肚肉更贴切。

今天既然心解菜品，带着多种困惑把它列为甜品之一，目的是想让它留下来，让更有智慧的厨者去诠释它。

# 煎乌糖甜粿

**原材料**

糯米粉500克，红糖400克，清水200毫升。

**调配料**

腐皮1张，鸡蛋1只，生油适量。

**操作程序**

1. 红糖用清水煮化，待其凉后用纱布滤去杂质和泥沙。

2. 把糯米粉加入糖水内，用手轻轻拌和，让其均匀，尽量不要有粉团粒。

3. 在铁盘底部抹油或铺上腐皮1张，把化好的糯米浆倒入铁盘内，放入蒸笼蒸1小时即成。

4. 煎甜粿要待放凉后切片，蘸上蛋液放在平鼎中慢煎。

每当年关将近，看到大家都在煮红糖浆，便知道这是要蒸制甜粿了。

红糖熬煮成糖浆时，竟是为了去除掉杂质和泥沙，再者是让糯米粉与糖浆均匀融合，蒸制后甜粿的颜色更一致。

蒸甜粿是比较费时的，糖与糯米粉融合在一起使其密度增加，蒸汽很难一下子穿透，只能让温度慢慢渗入，所以蒸一笼甜粿就需要几个小时。

想想，真的太有难度了。

回顾过去汕头人吃甜粿，有两个节日必须介绍。

一、过年。过年是大节日，为让节日更有味道，取甜甜蜜蜜之愿，故称甜粿。这与其他地方称为年糕，寓意年年高升的美好意愿异曲同工。

二、乡节。大潮汕有一个民俗，在元宵节后是各乡各里的乡节，即游神赛会。甜粿与卤鹅是不可缺少的供品，以答谢神明并祈求来年富裕发达。这种乡节一直延续至农历三月二十三日，在拜神后向邻乡亲友赠送甜粿、卤鹅中结束。

为什么会出现乌糖甜粿？以前蔗糖的提炼技术未到位，生产仅限于红糖，所以在大量烹制粿品中只能采用红糖。

煎乌糖甜粿是有难度的，带甜的粿比较惹火，不小心就会烧焦而影响美观和味道。

我小时候偷吃甜粿都是冷吃，冰甜冰甜的，至今难忘。适当冷吃甜粿也是不错的，你不妨一试。

名师名菜

传统名菜

七十二地煞

品味名菜

世今名菜

# 滑炒鲜蚝蛋

**原材料**

鲜蚝珠400克，鸡蛋4个，葱50克。

**调配料**

生粉，味精，鱼露，胡椒粉，辣椒酱，芫荽，猪油。

**操作程序**

1. 将鲜蚝珠洗净，沥干水分，葱切粒，加入蚝珠中，再用生粉粘紧蚝身待用。

2. 鸡蛋打散，加少许味精、鱼露，打至蛋液呈小膨胀状态。

3. 烧鼎热油，倒入蚝珠，猛火快速炒至蚝熟，加入蛋液炒至干身即好，上席时用芫荽点缀，鱼露伴碟。

**特点**

鲜蚝味突出，口感松香滑嫩。

潮汕有一味蚝烙，特点是用厚朥煎，它的香脆和着蚝的鲜味，让很多人趋之若鹜。

在汕头老市区的西天巷，曾经就有几个蚝烙摊档，老一辈师傅杨老四先生、胡锦兴先生、林木坤先生在当年都是煎蚝烙高手。

沿海的城市，除了海鲜，烹制好鲜蚝绝对是烹者的一个追求。因而就有了烤姜葱大蚝、煎蚝烙、炒蚝爽、煮蚝粥、腌生蚝等。

我在老标准餐室的厨房中，看到李锦孝师傅用多个鸡蛋炒蚝仔，操作与煎蚝烙的烹制法不同。询问李锦孝师傅，才知道这就是香滑炒蚝蛋。

　　他告诉我们，以前酒楼一般少用平底锅，加上炉火旺不宜慢煎，酒楼只能放弃煎蚝烙，香滑炒蚝蛋的烹制填补了这一缺陷，满足了寻蚝味者的需求。

　　随着时间推移，不知道何种原因，原本在酒楼才有的滑炒鲜蚝蛋如今不见踪影了。

　　今天记录在此，目的是想让烹者知道还有此菜肴，以免失传。

出品人：李锦孝

# 油泡麦穗花鱿

**原材料**

鲜鱿鱼肉身600克，蒜头50克，珍珠菜叶50克，生辣椒少许。

**调配料**

味精，鱼露，胡椒粉，麻油，生粉水，生油。

**操作程序**

1. 将鲜鱿鱼肉身直切不断，再斜切不断，根据穗形大小切成小块待用。

2. 蒜头切细，爆香待用；将鱼露、味精、胡椒粉、麻油、少许辣椒、少许上汤和粉水，兑成糊浆待用。

3. 烧鼎热油，将珍珠菜叶炸酥捞起沥干，围在盘子边上。

4. 将鲜鱿鱼用生粉浆护身（一定要均匀），再用中温油将鱿鱼拉油，形成麦穗状后沥干；把兑好的糊浆倒入鼎中和开，加入爆香的蒜头和鱿鱼，翻炒几下后装入盘子中间即成。

**特点**

鲜嫩柔爽，造型美观。

　　潮菜宗师罗荣元师傅在教授我们油泡麦穗花鱿的烹制时强调，这道菜不是一个简单的品味问题，它能体现厨者的刀工和鼎工的技术水平。

　　他说，麦穗花表现在刀工上是看能不能挑起纹路和麦穗花芽，让它通过油泡后呈现出朵朵麦穗花。

出品人：罗荣元

　　而鼎工，关键是看芡汁。在烹制的最后，要让金灿灿的蒜头粒挂靠在麦穗花上，这就要看鼎工的糊汁比例控制功夫了。

　　真是一个典范的教材也！

　　（注：油泡螺片、油泡田鸡、油泡鱼球、油泡鳝鱼都可以用此法；潮菜中油泡一定要用到蒜头粒。）

# 白汁淋鲳鱼

**原材料**

斗鲳鱼1000克，鲜牛奶100克，火腿50克，青葱100克，湿香菇2个。

**调配料**

味精，盐，鸡油，生粉水。

**操作程序**

1. 将鲳鱼刮去幼鳞，开膛去鳃，保持鱼的完整。

2. 火腿切丝，湿香菇切丝，青葱取葱白部分切丝待用。

3. 鲳鱼放入蒸笼蒸15钟后取出，滤去鱼汁。

4. 鲜牛奶倒入锅内，温火调控，调入味道，勾芡，

　用鸡油包尾淋在鲳鱼身上，三丝分别铺在白汁上面即可。

1979年秋，在大华饭店楼下厨房举行了一次潮州名菜的技术表演，蔡和若师傅和柯永彬师傅各做了一道白汁淋鲳鱼。两位都是值得尊重的烹者前辈，毋庸置疑，他们的出品绝对是一流的。今天就两位师傅不同烹制法做出的"白汁鲳鱼"做一次分析。

蔡和若师傅用整条斗鲳鱼修边去鳞，蒸熟后把鱼汁沥干，然后用鲜牛奶调味后勾芡，淋盖在鲳鱼身上，再把切好的三丝辅料顺势盖在白汁上面。看上去鲳鱼身上有如一袭白衣，三丝的摆放有如银织丝线穿梭于身上。

大家赞叹着厨手的高超烹艺，烹得如此亮丽的佳肴。

柯永彬师傅在烹制"白汁鲳鱼"时一改整条鱼上席的风格。他用独有手法把鲳鱼切去头，削掉骨，单纯取出两片鱼肉，再把鱼皮剥离，切成

一块块，然后修边，让其整齐划一。再把鱼块放在器皿上，放入蒸笼蒸熟后，用鲜牛奶调味勾芡，再淋盖到鱼块上，同时也摆上三丝。

有在场领导私下问他，为何要将鱼切块？柯永彬师傅回了一句简短的话："这样上席时更整洁。"

在当时，单纯从两个菜品来看，整条"白汁鲳鱼"的形状要比切块了的白汁鲳鱼更好看，形体优美，但我一直把柯永彬师傅的这句"上席更整洁"的话刻在脑中。

用今天的眼光来分析这盘切了块的"白汁鲳鱼"的上菜方式及意义，我认为切块后来分菜是方便和整洁的，它减少了人为在整条鱼上去骨、分肉的工作。从某种意义上来说，分件分位来上席，更方便简洁，更卫生。

多年后有一次我与朋友们在北京钓鱼台宾馆用餐，当菜上至"清蒸鲳鱼"时，端上来的鱼也是用分位蒸制。我茅塞顿开，分块后的鱼更整洁。真是理解到位了，一切就明白了。

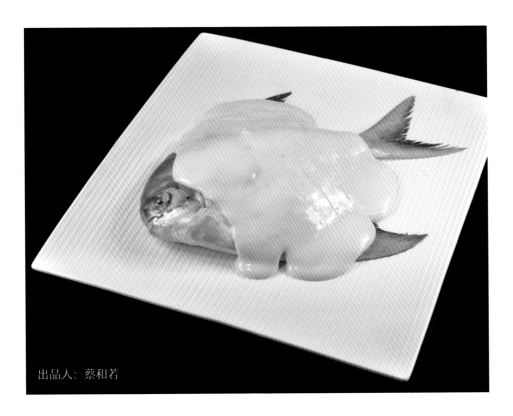

出品人：蔡和若

# 高汤白玉把

**原材料**

鲜鹅肠500克，鲜笋250克，芹菜200克，上汤500克。

**调配料**

味精，精盐，胡椒粉，鸡油，食用碱少许。

**操作程序**

1. 鹅肠洗净去掉脂肪，用少许食用碱腌制4小时以上。然后用
   清水漂洗至无碱味为止，让其膨胀通透，洁白似玉。

2. 鲜笋煮熟漂凉，切成条状；芹菜焯水漂凉后撕成细条绳状。

3. 将鹅肠切成段，把笋条横放在鹅肠上面，卷成一把，然后用
   芹菜扎紧。

4. 将上汤煮沸，调入味精、盐和胡椒粉。

5. 鹅肠涮一下，再灌入上汤，滴上鸡油即可。

**特点**

肠脆汤清，纯洁似玉。

心解

　　食用碱腌制食材，好像用在牛肉比较多。特别是在广州，过去没有松肉粉，广州人喜欢用食用碱把切好的牛肉腌制后注入生油，再放入雪柜冷藏。当客人需要时，取出炒上一碟蚝油牛肉，口感嫩滑，虽然带有点碱味，但也不失其风味。

用食用碱腌制鲜鹅肠，在潮菜中曾经出现过，其作用有两方面：

一、去腥和去油，通过漂洗浸泡，达到洁净靓白的效果。

二、通过食材相互搭配，上汤注入，鹅肠爽脆富有弹性，口感极佳。

　　今次记录它是受到刘添师傅的影响，同时觉得食用碱只是软化鹅肠的纤维，改善其口感，别无它害。

出品人：刘　添

# 酿百花鸡

**原材料**

光鸡1只，鲜虾仁400克，白肉粒25克，马蹄粒25克，火腿15克，芹菜15克，鸡蛋1个，姜1块，青葱2条。

**调配料**

味精，盐，胡椒粉，白酒，上汤，猪油少许。

**操作程序**

1. 光鸡洗净，用刀取出两片胸肉，用平刀法把厚的部分修平，再用直刀法横、纵向轻剁，不要切断，然后用姜、葱、盐、白酒腌制。

2. 鲜虾仁洗净后沥干水分，放在砧板上用刀拍至起胶，调入味精、盐和蛋清，用筷子搅拌成有弹性的虾胶，再加入白肉粒和马蹄粒，拌匀。

3. 将腌好的鸡肉铺在盘底，再把虾胶覆盖在鸡肉上面，抹平，撒上火腿末、芹菜末，形成百花胶，然后放入蒸笼蒸10分钟后取出。

4. 取大平盘，把蒸好的百花鸡切成条块状，整齐放入盘中，淋上原汁勾芡即可。

在小说《林海雪原》中，杨子荣智取威虎山时，采用百鸡宴把座山雕给治了。请勿误会，那是百鸡宴，而我今天所叙说的是百花鸡。

百花馅是用虾胶烹制成的，广州点心名家崔强率先用虾胶烹制出多款点心，取名多用"百花"二字，如"百花虾饺"，他后被江湖称为"百花强"。

　　潮菜的"百花鸡"会不会是受他影响不得而知，但用虾胶作为百花馅也恰到好处。在处理好的鸡肉上面铺上百花馅，如果能再装饰几朵新鲜花卉或自己雕刻的果蔬花朵，也是不错的。

出品人：方展生

# 酿大蟹钳

**原材料**

大肉蟹12只，鲜虾仁200克，火腿25克，鸡蛋1个，湿香菇2个，
芹菜2条。

**调配料**

味精，盐，胡椒粉，猪油少许。

**操作程序**

1. 将肉蟹大钳用刀取出，放入蒸笼蒸熟后用清水漂凉，捞起，
逐只轻轻敲破去掉外壳，留蟹钳肉待用（蟹身作为它用）。
把火腿、香菇、芹菜切成6厘米长的丝条。

2. 鲜虾仁洗净沥干水分，放在砧板上用刀平拍成虾胶状，调入
盐、味精、蛋清后搅拌成虾胶。然后将其分成12份，逐份酿
在蟹钳身上，用手轻轻抹均匀后，再把火腿丝、香菇丝、芹
菜丝逐条放在钳身上面，形成三丝盖面，然后放入蒸笼蒸7
分钟，取出，沥出汤汁留用。

3. 沥出的汤汁加入上汤，调入味料后勾芡淋在大蟹钳上面即可。

1979年秋天，汕头市饮食服务公司先后举办过
两场烹调技术表演，邀请各酒家的厨师各自烹制一
道名菜。参加者都是当时的名师行家，有李树龙、
刘添、罗荣元、蔡和若、李锦孝、柯裕镇、柯永
彬、方展升、蔡希平等。

当年厨师界有两个人是不可挑战的霸主——李树龙师傅和刘添师傅，

他们也出现在表演的行列中。尤其李树龙师傅先后带来了两个蒸蟹钳的菜肴，让很多人叹服。

第一次是原只带壳生蒸大蟹钳。取料大气，操作简单又不失大方，兼顾着海洋文化的秉性。第二次他带来的又是一味蒸蟹钳。是一味剥去壳后酿上虾胶和三丝的蟹钳。他的菜肴一出现就获得了一片赞扬声。

李树龙师傅在前后烹制的两款菜肴中，我认为前者肉蟹是要适季，饱满，钳大，才能单独取蟹钳进行烹制。后者的烹制可控性较强，灵活多变，在肉蟹出现肉身不足和大小不均匀的情况下，借用虾胶来补充，让蟹钳看起来更丰满，特别是酿上三丝，形成多彩的画面，不失为一道名菜。

这就是潮菜霸主李树龙师傅当年敢为人先而不失风范的出品。

出品人：李树龙

名师名菜

# 炭烧大响螺

### 原材料

响螺1个（约1000克），火腿肉100克，生姜50克，生葱25克，芫荽50克，黄瓜1条，番茄3个，菠萝1个。

### 调配料

川椒末，鱼露，味精，盐，白糖，酒，生油，上汤，梅膏酱。

### 操作程序

1. 将生姜、生葱切粒后爆香，再加入川椒末炒至气味扑鼻，加入上汤，调好味道待用。

2. 将响螺洗净后注入少量上汤和酒，放在炭炉上连壳煮沸后倒去壳内汤汁。再将调配好的汤料慢慢注入螺壳内，继续在炭炉上面慢慢烧，期间要不断补充汤料。烧30多分钟后让螺壳内的汤汁收干，产生焦香气味后取出，去壳取肉。

3. 分别将黄瓜、菠萝、番茄切片后在盘子一边摆成鱼鳞状；再将烧好的螺肉修去头部较硬部分和肠肚，斜切成薄片，在盘子另一端同样摆成鱼鳞状，形成太极图案，配上梅膏酱即成。

### 特点

口感柔爽，味道鲜美，焦香突出。

出品人：柯裕镇

# 心解

将少量上汤和酒注入响螺里放在炭炉上煮沸，倒去壳内汤汁，目的是去除响螺本身的黏液和异味。

这是一个古早的味道，谁也不知道是谁最先发明了烧响螺。

先民用烧、煮等方法加工食物来替代原始的生吃方式，经过了一个漫长的过程。海边的人非常聪明，为我们留下如此美味的炭烧响螺。

地球在地壳的运动中孕育着无数物种，也让响螺在烧的过程中发生了变化，如今的炭烧响螺已不是古早的烧法了。

潮菜名厨柯裕镇师傅说："你必须认识它，接近它，读懂它，才会烹制出理想的响螺来。"

他从两个方面解读响螺肉质的不同：

一、海域不同，如福建海域和湛江海域所产的响螺肉质就有所不同；带棱角外壳和无棱角外壳的响螺肉质也有所不同；季节和气候的不同也会影响香螺的肉质。

二、速度是关键。在烧响螺时厨师一定要掌握速度。如果烧快了，中心肉质没熟透；如果烧慢了，又影响螺肉的口感。这是烧响螺的难为之处。

# 红烧大白菜

**原材料**

大白菜1株2000克，排骨500克，瘦肉1000克，火腿25克，老鸡半只。

**调配料**

味精，盐，胡椒粉，酒，猪油。

**操作程序**

1. 排骨、瘦肉、鸡清洗干净，用鼎炒热后加入料酒熬煮出上汤作为盖料汤备用，火腿剁末待用。

2. 大白菜洗净后用刀修去头部和尾叶，留取菜梗部分约20厘米；烧鼎热油，把大白菜用油收软，捞起，用清水漂洗去油渍。

3. 大砂锅里垫上竹箅，把菜梗整齐放入，然后把排骨、瘦肉、老鸡盖上，再将汤注入，加入少许盐和味精，慢炖30分钟后取出。

4. 卸掉盖料肉，取出白菜整齐放入盘内，汤汁勾芡后淋上，撒上火腿末即成。

**特点**

白菜嫩滑，汤汁甘甜，火腿香味浓郁。

心解

　　1994年秋，在前往揭阳市榕江饭店探访林传裕先生的路上，朱彪初师傅和罗荣元师傅在车上探讨潮菜的一些烹制要领，就谈到红烧大白菜等荤素味菜肴。朱彪初师傅特别强调说："这是一个看不见肉，但肉汁饱满的荤素菜肴。"

它体现了烹者对菜肴的最高要求，让人吃有肉味却看不见肉，让素食者在看不见肉的时候，享受带有肉味的荤素菜肴。当我问及这会不会影响斋食者的戒口时，他说这一定要分清素食者与斋食者的界限。

朱彪初师傅过去长期供职于广州华侨大厦，他的烹艺技术高超，获荣誉无数，如今却渐渐被人遗忘了。

但我不会忘记他，他绝对是一代潮菜宗师。

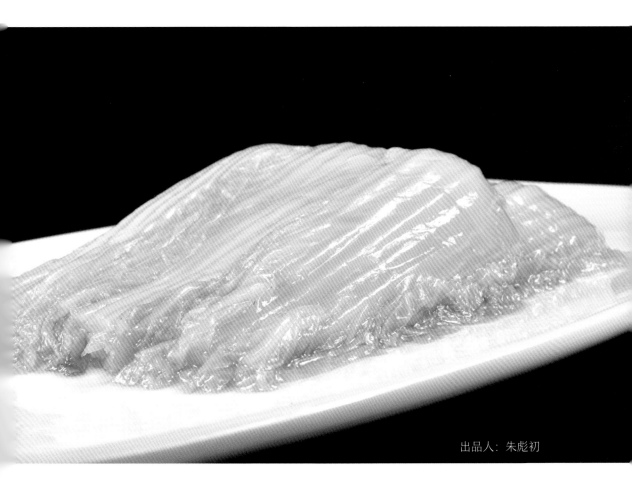

出品人：朱彪初

# 原汁燕窝球

**原材料**

水发燕窝100克，鸡胸肉10克，火腿肉5克，鸡蛋1个，菜胆若干株。

**调配料**

味精，盐，胡椒粉，火腿汁，上汤，生粉水，鸡油少许。

**操作程序**

1. 鸡胸肉用刀轻轻剁成鸡茸，火腿肉剁茸待用。

2. 发好的燕窝用少许盐搅拌均匀让其泻去水分，鸡茸用蛋清液和在一起，再把燕窝溶入后挤成球状。把火腿茸放在燕窝球上面，放入蒸笼蒸6分钟。

3. 菜胆焯水后放在半浅窝碗中，再把蒸熟的燕窝球放在上面，上汤加火腿汁再调入味精、盐、鸡油，勾芡淋上即可。

"七一届"厨师班师兄弟薛信敏先生后来移居香港，供职于原金岛燕窝潮州酒楼，在烹制潮菜中不断进取，不断创新。金华燕窝球就是在"七一届"厨师班聚会时他表演的一个菜肴，让众厨友大开眼界。

燕窝在潮菜中算得上高端名肴，过去经常烹制的三丝官燕、红烧燕盏、鸡茸燕窝、冰糖燕盏、杏红燕窝已经不见了，取而代之的是芋泥燕窝、枣泥燕窝、蟹肉燕窝和糯米煮燕窝粥。

据说金华燕窝球是香港潮菜名家吴木兴先生首创，薛信敏先生第一次品尝此菜肴时，就惊叹道：

一、燕窝在发透时比较软嫩，独立烹制成球状难度大。

二、加入太多鸡茸会影响口感，少了则作用不大，另外盐分的加入使燕窝更易泻水。因此烹得如此佳肴确实需要用心，小心，耐心。

吴木兴先生，潮州人，曾经被邀请到国宾馆表演过潮菜，为港式潮菜的发展做出贡献。

出品人：薛信敏

# 香煎马胶鱼

**原材料**

马胶鱼肉800克，大蒜50克，红葱头25克。

**调配料**

味精，盐，酱油，麻油，烧烤酱，蜂蜜，生油。

**操作程序**

1. 马胶鱼用刀横切，厚度1厘米左右，然后清洗干净，擦干水分待用。

2. 将大蒜、红葱头去皮切小粒，用大盘盛入，调上酱油、麻油、味精、烧烤酱，少许白糖，搅拌均匀，把切好的鱼块逐片放入酱料中腌制约12小时以上。

3. 将腌制好的鱼块清洗掉蒜泥和红葱渣，用慢火煎至金黄色，闻香气溢出即为熟透。吃时，可伴上用蜂蜜和酱油调成的蘸碟。

**特点**

香味浓郁，口感甘醇。

"煎"在烹调法上是最直观、最易操作的。

师兄弟刘文程先生走南闯北，结识了多方烹者。在食材的诱惑下，用西厨腌制方法，把银鳕鱼烹制得鲜味无限，就是离不开一个"煎"字。

多年后回到家乡，师兄弟们团聚，免不了的是大家都露一手绝活，他的这味香煎银鳕鱼让大家叹服！

在"银鳕鱼是否能代表潮味"的讨论中，大家建议刘文程先生选择家乡的马胶鱼来烹制。刘文程先生欣然接受。他说道：食材在烹饪领域是无界限的，选择本地马胶鱼来腌制和嫩煎更具有潮味代表性。

真是大师风范！

出品人：刘文程

# 佛手排骨

**原材料**

排骨6条，肥瘦肉300克，鲜虾仁100克，马蹄肉50克，湿香菇2个，鸡蛋1个，韭黄少许，鲽脯末适量。

**调配料**

味精、盐、胡椒粉、川椒末、白糖、酒、淀粉各适量。

**操作程序**

1. 排骨斩成每节10厘米左右的小段，共12节，把肉削至排骨的另一边，再用姜、葱、酒腌制待用。

2. 取肥瘦肉用刀剁碎，加入鲜虾胶、香菇粒、马蹄粒、韭黄、鲽脯末、鸡蛋。调入味精、胡椒、川椒末、盐、白糖、酒、少许淀粉，和成馅料，分成12份。

3. 手掌平放馅料，把排骨有肉一头拌上馅料团，用手掌捏紧，使肉团与骨黏合，再拍上薄淀粉。

4. 烧鼎热油，鸡蛋打成蛋液，排骨蘸上蛋液下油热炸，炸至金黄即可摆盘，配上甜酱。

　　其实"佛手排骨"与"狮球排骨"都具有相同的烹制手法，与其他地方的"狮子头"有着相似的原料和烹调方法。我猜想，"佛手排骨"是否属于"狮子头"的延伸再现，或可能是潮菜师傅们成功借鉴、转换冠名而已。

　　从外地"狮子头"的做法来看，它们也是肥瘦肉相间各半，只是颗粒粗些，而且有"摔打"的加工手法，烹调上有醉炖、红烧、酥炸等方式。而"佛手排骨"也有酥炸、红烧，甚至有酸甜的烹调方法，不同的是"狮子头"不带排骨手柄，而"佛手排骨"是带有排骨手柄的。

我在想……人与人之间如发生搏击，出手重了定会伤人，有佛心者必不支持。有可能收手时，便自觉是善心出现，即佛心佛手呈现也。

可不可以这样认为，"狮子头"和"狮球排骨"的起名对菜肴本身所产生的个性，多少带有点霸气和野性，让人望而生畏。

把"狮子头"和"狮球排骨"改成"佛手排骨"，让带有野性的手掌收起来，这便有尚善之心，岂不更好？

有词句这样说："佛为心，道为骨，儒为表，大度看世界。技在手，能在身，思在脑，从容过生活。三千年读史，不外功名利禄。九万里悟道，终归诗酒田园。"我相信，礼佛成道者是善心的，他们慈悲为怀，不会随便出手。阿弥陀佛，善哉！

一盘传统的菜肴，我想不出它为什么叫"佛手排骨"，于是就胡思乱想了一通。

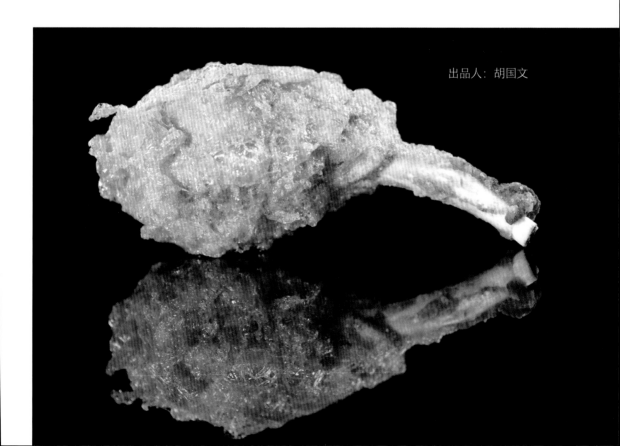

出品人：胡国文

名师名菜

# 酿素珠蟹丸

**原材料**

鲜虾仁200克，鲜蟹肉200克，白膘肉50克，马蹄肉50克，发菜10克，鸡蛋1个，芹菜、火腿少许。

**调配料**

味精，盐，胡椒粉，上汤，鸡油。

**操作程序**

1. 鲜虾仁洗净沥干水分，放在砧板上用平刀拍至起胶，加入味精、盐、蛋清，用筷子搅拌成虾胶浆，再加入蟹肉、白膘肉、马蹄肉搅拌均匀，用手挤成12粒圆丸后待用。

2. 发菜用水浸泡，清洗干净后，用上汤醉10分钟后取出沥去汤汁。

3. 将发菜铺成圈，蟹丸摆放在上面，把芹菜末、火腿末酿在丸子上面，放入蒸笼蒸8分钟，取出，沥出原汁，加入上汤，用鸡油和生粉水勾芡后淋上即可。

**特点**

蟹肉鲜甜，嫩滑弹脆。

心解

用发菜的介入烹制出另一味菜肴，让你眼前一亮。

师兄弟王月明一生转场多处，为潮菜潮味的发展苦苦追求，最不能忘却的是传统老味道。他说，在粤东高级技师学院烹饪系授课时，经常用一些传统菜肴来做范例。干炸虾枣、脆浆大蚝、炸吉列虾、铁打酥肉、袈裟鱼衣等都是他常用的教学菜肴。

这次他特地用传统菜素珠蟹丸来助力《潮菜心解》一书，足可见他的用心。他说了，虾丸的烹制多样，珍珠虾丸、翡翠虾丸比比皆是，但很多人未必知道有素珠蟹丸这道菜呢。

今次出品了，求得共赏。

出品人：王月明

# 百鸟归巢

**原材料**

鲜虾仁400克，带尾鲜虾12只，白肉50克，马蹄肉50克，火腿肉15克，马铃薯2个，鸡蛋2个，红辣椒1个，黑芝麻若干。

**调配料**

味精、盐、上汤、猪油均适量。

出品人：陈汉华

操作程序

1. 鲜虾仁洗净后吸干水分，放在砧板上用刀拍成虾泥。装入盛器，加入少许盐和味精，然后用筷子搅拌成虾胶，再加入切成细粒的白肉和马蹄肉，加入蛋清，搅拌均匀待用。

2. 汤勺内侧均匀涂上薄薄的猪油。将虾胶分成12份，逐份用手捏成鸟身和鸟头，装在汤勺中，将火腿片剪成翅膀状，插入鸟身。黑芝麻贴在鸟头两侧作为眼睛，红辣椒剪成鸟嘴插上，把鲜虾尾插入虾胶尾部作为鸟的尾巴，最后放进蒸笼里蒸熟。

3. 马铃薯去皮切成细丝，用清水浸洗掉淀粉后用油炸成金黄色，再摆在盘子一角做成鸟巢。

4. 将蒸熟的小鸟逐只放入盘中，挑选两只比较小的作为雏鸟放入鸟巢内。

特点

造型美观，口感爽滑，味道鲜甜。

1980年秋，汕头市饮食服务公司举办厨师技能等级考试，公司大部分厨师踊跃参加。

师兄弟陈汉华非常用心，他在"酿金鲤虾、酿百花蟹钳、酿百花鸡"的基础上，用手工捏制出栩栩如生的小鸟来，起名"百鸟归巢"。该作品让很多人眼睛一亮，纷纷称赞他的巧思和创意。

谁说烹者不懂艺，百鸟归巢便是例。

几十年过去了，我在心解潮菜的时候，回望潮菜潮味的历程，发觉重现"百鸟归巢"的菜品极少，因而特别邀请陈汉华师傅为此书烹制百鸟归巢，为后学者借鉴。

　　有意思的是，在一次众师兄弟聚集于东海酒家讨论一些菜肴的芡汁时，我就提出百鸟归巢在完成出品时不要淋芡汁，因为淋上芡汁后的鸟儿像是被雨淋或是掉进水塘里一样。大家听后觉得有道理，此后陈汉华师傅也一改过去的做法，让我们佩服他的胸怀。

名师名菜

# 香蕉龙珠球

**原材料**

香蕉1个，鲜虾仁300克，马蹄肉50克，面包片100克，鸡蛋1个。

**调配料**

味精，盐，胡椒粉，生油。

**操作程序**

1. 鲜虾仁洗净后吸干水分，放在砧板上用刀面拍成胶状后加入蛋清、盐和味精，用筷子搅拌，再加入马蹄肉拌匀。

2. 香蕉去皮后切成小粒状，把虾胶挤成丸，再粘上香蕉粒，撒上切碎的面包粒。

3. 烧鼎热油，将做好的香蕉龙虾球炸至金黄色捞起沥干，装盘即成。

心解

　　小时候看舞龙戏狮，被那生龙活虎的龙狮所吸引，看到领舞者手拿龙珠与蛟龙、虎狮嬉戏玩闹，觉得特别有趣。师兄弟陈文正烹制的香蕉龙珠球，造型就像舞龙戏狮的龙珠，突然让我想起了以前的文艺游行来。

　　在鮀岛宾馆工作时，曾经与师兄魏志伟用龙虾肉为客人烹制过翡翠龙珠丸。当时我们选用了三斤重的青壳龙虾，取其肉，再用大明虾肉拍成虾浆，加入白肉、马蹄肉，汇集成了超级虾胶后挤成丸，在虾丸上面酿上青豆仁，当作翡翠，再加上昂首的龙虾头和固定龙虾尾部，造型似翡翠蛟龙，栩栩如生。

今天陈文正师傅用另一种方式烹制出炸香蕉龙珠球，正好与以往的蒸翡翠龙珠丸遥相呼应，实是绝配。

出品人：陈文正

# 鸡茸太极羹

**原材料**

鸡胸肉200克，猪肉皮1张，嫩芽番薯叶600克，干草菇25克，鸡蛋2个。

**调配料**

味精，精盐，胡椒粉，麻油，湿粉水，猪油，上汤。

**操作程序**

1. 去掉鸡胸肉的皮和韧筋，肉皮用刀轻轻削去脂肪后放在砧板上，再把鸡胸肉放在上面，用刀剁成茸待用。

2. 番薯叶放入沸水中，加点食用纯碱，焯水后捞起漂洗，待凉后沥干水分，用刀剁成碎状待用。

3. 干草菇浸泡后用上汤醉过待用。

4. 用鸡蛋清将鸡茸化开，用一部分上汤把剁好的番薯叶煮熟，加入草菇，调入味精、盐、胡椒粉、麻油后用湿粉水勾芡，倒入大碗口汤碗中，再用剩余上汤把鸡茸煮熟，调味后倒入大勺中，然后顺着碗边慢慢划出一个太极图案。

有一个美丽的传说，说宋代皇帝逃难到潮汕地区，饥渴难耐，农夫摘得番薯叶煮熟为之充饥，大受赞赏，特封为护国菜。

烹者经过历代演变，多次调料修正以及选择其他食材的加入，番薯叶终于演变成为今非昔比的名菜肴了。

师兄弟蔡培龙先生潜学研究多年，对护国菜的演变也做足了功夫。他加入鸡茸和草菇，把鸡茸画成太极图案，让你眼前一亮。鸡茸太极羹不愧是一道功夫好菜肴。

出品人：蔡培龙

# 美味焗大虾

原材料

大花虾10只（每只100克左右），红葱头150克，大蒜50克。另备长竹签12支。

调配料

酱油，味精，白糖，上汤，生油。

操作程序

1. 用刀将大花虾腹下须平行切掉，虾背半开边，挑去虾肠，用长竹签从虾尾穿插至虾头后备用。

2. 烧鼎热油，把大蒜、红葱头、姜切片后放入鼎内煎至金黄色捞起，再把大花虾放入，煎成金红色，沥干油。

3. 把酱油和红葱头等汇入，加入上汤、味精、胡椒粉、白糖等，焗10分钟收干水分即可。

特点

味道特色，香味四溢。

心解

虾的种类很多，难以计数，大于烹虾的菜肴也有很多，难以一一罗列。

从白灼虾、椒盐虾到炸虾枣和家乡虾饼，从滑炒虾仁到百花虾胶、酿百花鸡、酿百花鱼鳔、酿三丝蟹钳，变幻着无穷的品种。

2016年受到粤东高级技工学校邀请，我们师兄弟一同前往交流与演示。

在讨论出品时，陈木水先生提出要烹制一味虾，冠名红葱头鲜味焗大花虾，作为演示菜品之一。

成功的演示让我们看到了陈木水先生的另一面，平日里斯文含蓄的笑脸，少言寡语，实则深藏不露。难怪他是广东十大名厨之一。

出品人：陈木水

# 五彩海蜇丝

**原材料**

海蜇皮400克，瘦肉150克，泡发好的豆粉丝200克，青瓜400克，干虾米50克，干贝50克，大蒜100克，香菜叶100克，鸡蛋2个。

**调配料**

酱油、味精、白糖、麻油、陈醋均适量。

**操作程序**

1. 海蜇皮用清水浸泡3至4小时，再用开水焯过，捞起来用刀切成细丝待用。

2. 瘦肉切丝后炒熟（煸炒过程不要用油），鸡蛋搅拌均匀后煎成蛋饼皮，卷起切丝待用。

3. 青瓜去瓤后切丝，用水浸凉待用。

4. 大蒜切成蒜末，干虾米、干贝剁碎，装入碗中，加入酱油、麻油、味精、白糖、陈醋，搅拌均匀，调配成凉拌酱料。

5. 取大圆平盘，将海蜇丝、肉丝、蛋丝、豆粉丝、青瓜丝依次有序摆放好，再伴上调好的酱香料。食用时淋上酱香料，搅拌均匀即可。

**特点**

爽口凉心，是佐酒佳肴。

这完全是一个北方口味的凉拌菜肴，却深受潮汕师傅的青睐和追捧。

师兄弟林桂来说，柯永彬师傅曾经到哈尔滨学习，对北味有所了解，他在烹制潮菜潮味时，往往会融入一些北派烹调手法，也得到很好的效果。

　　他所烹制的五彩海蜇皮，曾经让林桂来师傅倾倒。今天编写《潮菜心解》，林桂来师傅说一定要记录它，故此用凉拌五彩海蜇丝来为本书增添风采。

　　名厨柯永彬师傅，潮阳人，早年随父亲柯旦先生来汕头市学厨。由于天资聪颖，在国营年代就被派去哈尔滨饮食学校培训学习，集南北厨艺技术于一身，在当时是少有的出色青年厨师之一，得到上级领导的器重和同行们的认可。

出品人：林桂来

# 荔茸鲍鱼

**原材料**

活鲍鱼20只（约1000克），芋头500克，澄面150克，猪油50克，卤水1小锅。

**调配料**

味精、盐、五香粉各少许，麻油，猪油，生油。

**操作程序**

1. 芋头去皮切片，放入蒸笼蒸熟后取出碾成泥状；澄面用开水冲化，和成面团后加入芋泥、猪油、味精、盐、五香粉，再揉匀成荔茸皮。

2. 鲍鱼洗净去壳，放入卤水中卤20分钟，熟透后捞起，放凉。

3. 把芋泥团分成20份，然后逐粒裹住鲍鱼的一面，捏紧。

4. 烧鼎热油，在油温达到四成温度时，将荔茸鲍鱼用钢网托住放入油里炸，油温升高，炸至金黄色并呈现茸面即成。上桌时可配甜酱。

**特点**

酥香松软，芋香浓郁，鲜甜甘香。

2008年奥运会在北京举办，这一盛会让全中国人民兴奋，各行各业都在为奥运会宣传造势，营造气氛。餐饮行业也不例外，表现积极。

西厨在西点制作上更能突出其运动造型。而中厨呢？很多人利用果蔬雕刻，模仿鸟巢运动场的形状。

帅兄弟陈伟侨先生是一个好学者，平时点子也多，恰逢奥运会这样的盛事，自然也不甘落后。他构思创作了一个形似鸟巢运动场的荔茸鲍鱼，赢得了一片赞许。

　　特此记录在案，让其传承下去。

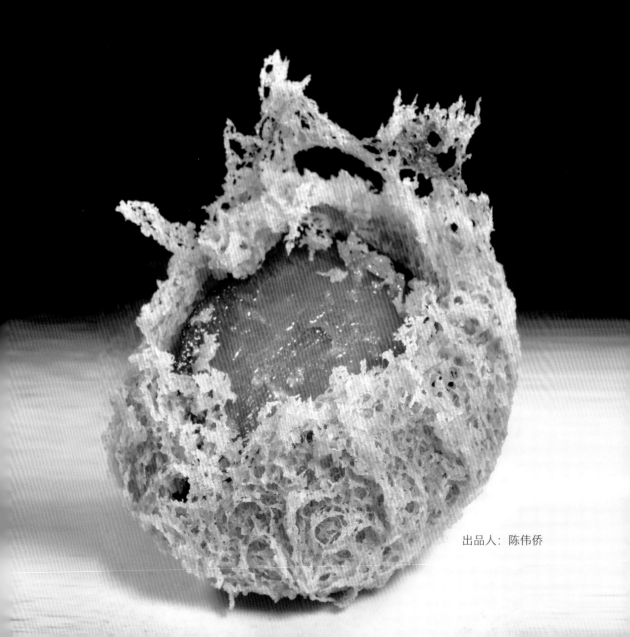

出品人：陈伟侨

# 传统炸肝花

**原材料**

猪肝500克，白肉200克，鲜虾仁100克，青葱250克，鸡蛋1个，猪网油1张。

**调配料**

川椒末、胡椒粉、味精、盐、白糖、白酒、生粉、生油、甜酱各适量。

**操作程序**

1. 用刀将猪肝切成齿形片；将白肉切成条状后再切薄片；青葱洗净用刀斜切成小节后，与猪肝、白肉放在一起。

2. 鲜虾仁洗净后吸干水分，放在砧板上用刀面拍成虾胶，放入盆内，加入鸡蛋清和盐，搅拌成虾浆，再加入猪肝、白肉，调入川椒末、胡椒粉、味精、盐、白糖、白酒和生粉，用手搅拌均匀。

3. 猪网油洗净后摊开，拌好的猪肝放在猪网油的一侧，排成长条状，然后卷成圆条，再放入蒸笼蒸至熟透后取出。

4. 烧鼎热油，将蒸熟的肝花挂上薄浆后炸至金黄色捞起，切成小段，伴上酸甜瓜之类，配上甜浆即成。

**特点**

内嫩外脆，肝香十足，是酒席佳品。

我查阅了很多资料，选择猪肝作为菜肴出品的，大多数是用在滑炒、氽汤和卤制。

滑炒猪肝是一道非常普遍的菜肴，大家都希望达到嫩滑而中途不渗出血水的效果，但难度偏大。氽汤或者煮粥也同样面临这一难题。而卤水烹制的猪肝又容易硬化，虽有香气但口感不佳。

传统潮菜中的干炸肝花，选择了另外一种烹制方法。利用其他食材来搭配猪肝，合理地解决了猪肝单一的硬化带涩感和渗出血水的问题。更主要的是利用调配料的加入，特别是川椒气息的贯穿和白酒的提香，成就了这一菜肴。

因此我认为，潮菜的前辈师傅在猪肝的烹制上确实非常用心，让烹技的发挥达到极致。

传统名菜

# 五香粿肉

**原材料**

肥瘦肉500克，青葱250克，马蹄250克，冬瓜糖100克，油麻25克，猪网油2张。

**调配料**

五香粉、味精、盐、白糖、胡椒粉、白酒、麻油、面粉、生粉、生油等各适量。

**操作程序**

1 分别将猪肉、青葱、马蹄、冬瓜糖切丝。油麻炒香，猪网油洗净待用。

2 将五香粉、味精、胡椒粉、盐、白糖和白酒等放入盆内，加入部分生粉搅拌均匀。

3 猪网油铺开，把馅料放置一侧，然后卷成圆条状，再用刀横切成5厘米长的粒状；面粉和生粉各半，用水和成稀浆。

4 烧鼎热油，当油温达到中温时，将粿肉逐个挂浆后放入油中炸至金黄色，捞起，装盘装饰。上席时可配甜酱。（可酸甜炒法。）

**特点**

口感爽脆，鲜香甘甜。

心解

一味五香粿肉让很多人喜欢，它的酥脆甘甜和五香气息让人回味无穷。如此美味，你却不知道它的故事。

　　罗荣元师傅早年在传授这道潮菜名肴时就说过，五香粿肉的形成体现了厨师的敬业精神。

　　他说此菜肴原本是厨房各类边角料的再利用，聪明的厨师用粗料细作的方法，完美呈现了一道全新的菜肴，实属难得。

# 即炸鲜虾枣

**原材料**

鲜虾仁400克，白肉100克，马蹄肉100克，韭黄10克，面粉25克，鸡蛋1个。

**调配料**

川椒末、胡椒粉、味精、白糖、盐、白酒、生油、甜酱等。

**操作程序**

1. 将鲜虾仁洗净吸干水分后剁碎待用。

2. 分别将白肉、马蹄肉、韭黄切细后加入虾仁，调入川椒末、胡椒粉、味精、盐、白糖和少许白酒拌匀，再加入鸡蛋和面粉，轻轻拌匀（不能使劲拌，以免产生筋道）。

3. 烧鼎热油，油温控制在六成左右，把拌好的虾馅挤成椭圆状，用汤勺舀进油锅内炸至金黄色，捞起后呈不规则的枣形。上桌时配上橘油或梅膏酱。

**特点**

酥松爽口，鲜嫩香甜。

在讨论潮菜名菜干炸虾枣时，很多师傅有着不同的看法。本着多次观察虾枣的形成和字面上的定义，我们来做一次分析。

一、首先，虾枣的形体与虾丸不同，它更应是靠近新疆大枣的外形，所以才称枣。

二、其次，要把鲜虾仁烹制成虾枣，必须控制不让虾肉产生胶质，因此只能剁而不能拍，而且不剁太细，否则虾枣表面会变韧皮。

三、很多人将虾枣当成虾丸来制作，这是不对的。虾丸是要把虾肉拍至起胶，让其有爽弹的口感，虾枣追求的是松爽而鲜甜。

传统名菜

# 潮式炸蟹枣

原材料

鲜蟹肉400克，鲜虾仁100克，白肉200克，腐皮2张，马蹄50克，韭黄末、
川椒末少许。另备咸草绳若干条。

调配料

胡椒粉，味精，白糖，盐，麻油，生油。

操作程序

1. 将鲜虾仁洗净沥干，用刀面拍成虾胶；分别将白肉、马蹄
   切成细粒；咸草绳剪成20厘米左右长待用。

2. 将蟹肉放入盆中，依次放入虾胶、白肉、马蹄、韭
   黄、川椒末、胡椒粉和味精，轻轻搅拌
   均匀，调成馅料。

3. 腐皮摊开，将拌好的蟹肉馅顺成条
   状放在腐皮一侧，再卷 成圆
   条状。然后每隔2厘米用
   咸草绳扎紧，形成
   球状，有如竹节茶
   一样。

4. 将扎好的蟹枣放入蒸笼蒸5分钟后取出，放凉后沿咸草绳位置切断，去掉咸草绳。

5. 烧鼎热油，将蟹枣炸至金黄色即成。上桌时配上甜酱。

## 心解

干炸蟹枣为什么要用如此烦琐的加工手段呢？为什么不与干炸虾枣一样，采取虾肉搅拌后直接挤丸用油炸熟的方法呢？

我们先说干炸虾枣的烹制原理。虾肉经过剁碎本身就有一定胶质黏性，可以与白肉粒及其他配料黏合在一起，使其不松散，这样油炸时便能收紧，熟后更像枣形。

干炸蟹枣的选料是鲜蟹肉，鲜蟹肉虽然鲜甜十足，但结构松散，缺乏黏性，想要做成蟹枣是有难度的，必须借助虾胶的黏性，可如果虾胶过量则会影响口感。

因为干炸蟹枣的口感品味特点就是松酥而鲜甜，所以采取腐皮来进行包扎，这样既能保护蟹肉的鲜味，又能使其造型更接近枣形。

# 古法莲花鸡

**原材料**

光鸡1只，番茄2个，洋葱1个，湿香菇2个，开水冲熟面皮3张。

**调配料**

茄汁，酱油，味精，胡椒粉，盐，白糖，生粉水，生油。

**操作程序**

1. 光鸡洗净取鸡胸肉2片，用刀改成雁只块（潮汕厨房术语，指食材切成大约2厘米大小的块状）；洋葱、番茄和湿香菇切成鸡肉一样大小。

2. 鸡肉拉油，加入香菇、洋葱和番茄一起炒熟，再调入茄汁、味精、胡椒粉、盐、白糖，勾芡待用。

3. 取大菜碗1个，碗底抹油，放入1张面皮垫底，用小刀对角开成六角瓣。再铺上另一张熟面皮，切角交叉，把炒好的鸡肉放入碗内，再把另一张面皮盖在上面，与下面的面皮连接，用卷花边的手法将上下面皮拧紧，放入蒸笼蒸10分钟后取出，翻转倒扣在一浅圆盘内，把叠加在一起的面皮慢慢揭起翻开，呈现莲花状即成。

**特点**

口感鲜嫩，酸甜可口，貌似莲花，精致美观。

"接天莲叶无穷碧，映日荷花别样红。"这是南宋诗人杨万里脍炙人口的诗句。《爱莲说》作者周敦颐，把莲花视为出淤泥而不染的谦谦君子，特别讨人喜欢。朱自清先生的《荷塘月色》，让你赏尽人间美色。

关于莲花的记录数不胜数。莲花除了让人赏心悦目，其全身都是宝。从莲藕到莲子，从莲叶至莲花，还有莲心，都是药食同源的好东西。

先辈厨者见到大家对莲叶莲花的喜爱，便用鸡肉和其他食材烹制了一道经典的莲花鸡。尽管有人觉得现在烹制莲花鸡烦琐又乏味且价值不高，但我始终认为传统菜肴不能丢失。

# 豆酱焗鸡

**原材料**

光鸡1只，白膘肉150克，姜2片，青葱2条，芫荽2株。

**调配料**

普宁豆酱，芝麻酱，味精，酱油，胡椒粉，芝麻油，白糖，白酒，二汤。

**操作程序**

1. 光鸡内外洗净后修去脚爪、鸡头鸡尾，擦干水分，然后用姜、葱、盐、酒腌制。

2. 将豆酱碾成泥后加入芝麻酱、味精、酱油、芝麻油、胡椒粉、白糖、白酒，调成酱料，涂在鸡的内外身上，腌制20分钟。

3. 取砂锅一只，垫上竹箕底，把白膘肉放底部，腌制好的光鸡放入，姜、葱、芫荽同时放在上面，注入半碗二汤后盖紧。

4. 先旺火烧开，后慢火焗制，直到有焦香气味飘出，揭盖时熟鸡身呈金黄色，酱香味扑鼻。

   吃时手撕、斩件、拆肉去骨都行，视食客需要而定。

我小时候听过一则鸡的故事：半夜鸡叫，说的是周扒皮欺负人，学着公鸡的啼叫把一帮工人叫醒，提早开工，因而讨人恨，后被批斗了，被写成故事当成反面教材。

我因而记住了这只公鸡……

后来也有另外一则故事：《林海雪原》中，解放军侦察参谋杨子荣为了捣毁威虎山，擒匪首座山雕，特地利用座山雕的生日来庆祝，大摆百鸡宴，大获全胜。故事应该是真的，百鸡宴应该也是真的。

鸡在烹制中有百变之味，这在学厨时，罗荣元师傅就这么说过。

东西南北各地方的烹制手法各不相同，烹鸡的菜名多不胜数。诸如白切鸡、手撕沙姜鸡、东江盐焗鸡、广州太阳鸡、顺德桶仔鸡、苏州叫花鸡、重庆辣子鸡、海南椰子鸡、扬州炸子鸡、贵州茅台鸡、金华玉树鸡、糯米酥鸡、脆皮炸鸡……

绕了一大圈，为的是想引出家乡的味道——普宁豆酱焗鸡。很多时候我在想，鸡是世界的，而豆酱却是家乡普宁独有，为什么会串在一起呢？难解也。

中央电视台《舌尖上的中国》寻找豆酱最佳搭配时，偏偏选上了普宁豆酱焗鸡，让人兴奋激动。观众也因此记住了我家乡的豆酱焗鸡。

# 脆皮烧大肠

**原材料**

大肠头约1000克，五花肉1000克，清水适量。

**调配料**

川椒，八角，桂皮，大茴，小茴，生姜，蒜头，生辣椒，南姜，酱油，味精，白糖，胡椒粉，酒，脆浆粉，生油。

**操作程序**

1. 水2斤、酱油1斤倒入锅中煮沸，然后加入川椒、八角、桂皮等调配料煮成卤汁料锅，再将五花肉和洗净的猪大肠放入卤水中煮沸，后转慢火卤制，至大肠变软时捞起放凉。

2. 将脆浆粉用水和成浆；烧鼎热油，将卤好的大肠挂上脆浆后下油锅炸至金黄色时捞起，用刀斜切摆盘，用花、草摆盘，配上甜酱即可。

**特点**

皮酥肉软，卤香肉香浓郁。

都说吃猪肠必须有猪肠特有的那种味道，有人将这味道叫作原味。如果没了这股原味，则是有所缺失的。这就是我们又爱又恨的猪大肠。

其实除了烧大肠之外，取猪肠的中段部分可以烹制酿烧桂花大肠；也可将乌耳鳗穿入，烧后再炸，就

成传统名菜"龙穿虎腹"，小肠部分则可烹制"猪肠胀糯米"，最简单是
焖酸咸菜。

# 雪花芙蓉蟹斗

**原材料**

小肉蟹10只（约2000克），白膘肉75克，马蹄肉25克，生姜25克，青葱25克，香菇15克，鸡蛋4只。

**调配料**

味精、精盐、胡椒粉、白糖、麻油、猪油、湿粉均少许。

**操作程序**

1. 先将小肉蟹清洗干净，放入蒸笼蒸熟，取出后把蟹盖掀开，然后揭洗去蟹壳内的杂质，同时把蟹身的肉取出后留下。

2. 把白膘肉切丝，生姜、青葱切丝，马蹄肉、香菇切丝候用。

3. 烧鼎热油，把白膘肉丝等放鼎中炒熟，依次放入姜丝、葱丝、香菇、马蹄和蟹肉一起炒匀，然后调入味精、盐、胡椒粉和温粉水，熟透后再逐份放入蟹壳盖中候用。

4. 鸡蛋取出蛋清，放入盛器，用筷子搅拌蛋清液，让它产生泡沫蓬松形状，再做成芙蓉状盖在蟹盖肉上面，放入蒸笼蒸3分钟即可。

**特点**

造型独有，味道清鲜。

当年，老潮菜名家蔡福强师傅在烹制这道名菜时，一定想让此菜肴留下。可惜复杂的工序让它已经不可能再出现在酒楼食肆中了，想想有点心酸。

师兄陈汉华先生深知这是一道悬念太多的菜

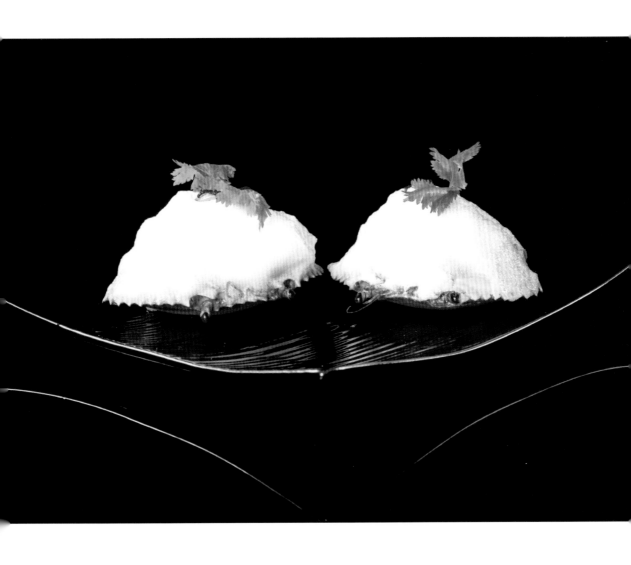

肴，所以一直不放弃，借此编写菜谱之机，再把它推至大家面前，让大家品鉴。

精挑细拣取蟹肉，暗力轻拍清蛋液，层次分明雪花白，芙蓉蟹斗佳肴传。

真是好味道必须有好功夫，好功夫就有理由传下去。

# 明炉竹筒鱼

**原材料**

草鱼或鲈鱼一条（约1000克），1米长的新鲜竹节，姜100克，蒜头50克，青葱2条，辣椒2个，芫荽2株，猪网膀1张。配置炭炉1个，铁丝2条，鱼盘1个。

**调配料**

味精，盐，酱油，胡椒粉，白糖，酒，生油，橘油。

**操作程序**

1. 将鱼开膛去肠肚，去鱼鳞洗净后擦干水分，用姜、葱、酒、味精和盐捣烂后涂抹鱼身，腌制20分钟。

2. 蒜头切片，辣椒切细，芫荽切碎，用热油浇淋蒜头片后加入酱油、芫荽和辣椒，调成蒜头芫荽酱油碟待用。

3. 将新鲜竹节洗净竖起，对半破开，把腌制好的鱼用猪网膀包好塞进竹节内，用铁丝扎紧竹子。

4. 取炭炉烧热，将包扎好的竹节鱼挂在炭炉上面慢火烘烤，边烤边翻转。烧至鱼味焦香时取出，解开铁丝，打开竹节将鱼取出，放入鱼盘，配上橘油、蒜头芫荽酱油碟即可。

**特点**

鱼肉鲜嫩，清香甘甜。

　　曾经有朋友开玩笑说，教他几样菜肴，让他可以回家自己烹制，我断然拒绝。厨者的生存就是靠烹技，如果把烹技授予人，岂不是断了自己的生活后路？这当然是过去苦涩的真笑话。

但你要记住，烹者的生存空间就是烹制出来的菜肴让很多家庭主妇不能模仿，要不然怎么能叫功夫呢？

这是一道古老的炭火烧鱼，有难度。新鲜的竹筒气味清香，且含有多种维生素，将火、竹、鱼融合在一起便完美了。

# 腐皮香酥鸭

**原材料**

光鸭1只，白肉400克，鸡肝50克，糯米饭100克，腐皮若干张。
配置咸草绳若干条。

**调配料**

姜，葱、盐，味精，胡椒粉，糖，曲酒，生油。

**操作程序**

1. 光鸭洗净擦干，去骨取肉，再将鸭肉切成薄片，然后用姜、葱、盐、味精、糖和曲酒腌制20分钟。

2. 白肉切成薄片后腌制；鸡肝切成条状；糯米饭调味后待用。

3. 将腐皮摊开，用水雾软化腐皮，然后放上一层鸭肉，再叠上一层白肉，在一侧放上糯米饭形成条状，再放上鸡肝条，最后将腐皮连同鸭肉卷成圆条后用咸草绳捆绑起来。捆绑时注意均匀和紧固。

4. 烧鼎热油，将捆绑好的腐皮鸭卷炸至金黄后入锅焖制，约20分钟后取出，候晾干后修剪去咸草绳，改成段节。

5. 将改成段节的腐皮鸭再炸至外皮酥脆改块，淋上胡椒油即成。

**特点**

外酥里嫩，味道香浓。

"必须把卷好的腐皮酥鸭，放入油锅炸至金黄色后再放入去焖，并要求用深汤和加盖肉料让其入味。"这是罗荣元师傅在传授这道潮菜名肴时特别

强调的，至今让我记忆犹新。我在很长时间里对这道菜是不解的，在炸与焖的烹饪概念上出现了不同辨识。

对此，我有自己的看法：

一、捆绑好的腐皮鸭卷要炸至金黄后才放入去焖，这显示厨师对食材认识的重要性。特别是腐皮，在焖制前如果不经过油炸，腐皮容易烂掉，从而影响进一步的烹制和最终的品相。

二、蒸是通过蒸汽简单将食材加热至透熟而已。焖则不同，目的是煨制入味。它是用慢火加盖，使食材和调配料在浸煮的过程中互相融合渗透。另一方面，鸭肉比较坚韧，用焖的烹制手段也是非常恰当的。

名菜"腐皮酥鸭"要经过油炸—盖焖—烧煎的烹制过程，才能完美出品。在分析菜肴的品味上，除了明确食材特性之外，理解烹调过程的操作原理也是非常重要的。

传统名菜

# 四喜虾皇饺

**原材料**

澄面175克，鲜虾仁150克，白肉粒25克，马蹄25克，鸡蛋1个。
芹菜末、香菇末、红辣椒末、熟蛋黄各少许。

**调配料**

味精、精盐、胡椒粉、生油均适量。

**操作程序**

1. 用开水先将澄面冲浆和成，用手将其搓成柔软有度的面团，
   再将澄面团分成12份，用专用拍皮刀抹油后，将澄面团压成
   圆形面皮候用。

2. 鲜虾仁洗净擦干水分，拍成虾胶，加入蛋清、味精、精盐、
   胡椒粉，搅拌成虾浆馅。

3. 把圆澄面皮放在手心中，再把虾浆馅用竹批拨入面皮中间，
   食指与拇指轻轻从澄面皮边缘抓起，再从对角抓起，形成正
   方形，同时要用食指和拇指把4个小孔捏成圆形。

4. 把切好的芹菜、香菇、蛋黄、红辣椒末用小勺按量装入4小
   孔中，形成四色鲜明对比，然后放入蒸笼蒸8分钟即可。

**特点**

颜色鲜艳，具有喜气之感。

心解

潮汕人家有喜事，设宴摆酒，名菜佳肴有十二
款，称之为"十二菜齐"。前辈师傅们曾经说过，这
十二道菜的出品在搭配顺序上是严谨的。

　　潮汕喜酒席上菜除了头尾两道菜是甜品外，最大的特点是菜肴搭配上非常注意根据季节变化而选择食材，同时还要注意焖、炖、煎、炒、炸、蒸等烹调法的交叉呈现。更要注意的是，每桌菜肴必须有一个中式点心品种参与其中，包含地方小吃。例如双色水晶球在平时酒席桌上经常出现，大多以咸、甜对半而上，聪明的厨师美其名曰"美点双辉"。

　　在日常的点心中，采用虾胶作为出品的佳肴更是不胜枚举。著名卷叠虾饺、绿茵白兔饺、芭蕉叶虾饺、白菜虾饺，不论独立出品或配搭出品在酒席上都是佼佼者。

　　而汕头市东海酒家更喜欢采用四喜虾皇饺来搭配，它也是以虾胶来烹制的，皆因此品种蒸熟后白里透红，颜色鲜艳，气氛热烈，具有喜气，更能让客人喜欢。

# 反沙朥肪酥

**原材料**

白肉500克，乌豆沙或瓜册（糖冬瓜）250克，脆浆粉500克，葱2根。

**调配料**

白糖，生油。

**操作程序**

1. 白肉切成长4厘米、宽2厘米、厚2毫米的两连片，用白糖腌制6小时后焯水，使其呈现透明状。

2. 将瓜册切成与白肉一样大的薄片，夹在白肉中间；将脆浆粉用水和成糊待用。

3. 将白肉逐片挂上脆浆糊后下油锅炸至金黄色捞起。

4. 白糖加水煮沸，让水分蒸发至反沙状，加入葱末，翻炒出味后加入炸好的朥肪酥，翻炒均匀即成。

**特点**

香酥柔润，晶莹剔透。

心解

朥肪酥，当你咬开酥脆的外皮，会惊喜地发现馅料竟然是晶莹剔透的。洁白似玉的白肉，轻轻咬下，一股甘甜沁人心脾。

一块腌了糖的白肉，还能变化出很多美食。饼食水晶馅中就有腌糖的白肉粒，腐乳饼中也有腌糖的白肉粒，尤其是潮汕的葱饼，整盘饼除了半起酥的饼底

外，其余都是糖腌的白肉粒、葱和芝麻。

　　潮汕人能将很多食材烹制成为甜品。如：豆干熬乌糖、鸡蛋煮糖，还有清甜婆参、冰糖鲨鱼稚骨（明骨），更有甜绉纱肚肉、反沙膀肪酥等。

　　（注：过去，潮菜师傅常用泡浸的方法给鲨鱼的稚骨——头部软骨去腥味，然后用冰糖煮成甜菜。该菜没有固定叫法，我且称之为"冰糖鲨鱼稚骨"。）

# 笔筒鲜虾卷

**原材料**

新鲜大虾6只，新鲜芦笋6条，鸡蛋2个，生姜、青葱适量。

**调配料**

味精、精盐、白糖、胡椒粉、川椒末、白酒、面粉、生油均适量。

**操作程序**

1. 大虾洗净去壳取肉，用刀在虾背上切开，取出虾肠，然后平刀轻轻把肉拍松，再用姜、葱、酒、味精、精盐、胡椒粉、川椒末等调料拌匀，腌制10分钟以上，让其入味。

2. 芦笋切6～8厘米长，修成笔形，再用开水氽一下，捞起晾凉。

3. 把拍开的虾肉独只铺开，放上芦笋条，卷起，形成笔筒，再拍上薄薄一层干面粉。

4. 烧鼎热油，把鸡蛋打成蛋液，当油温偏中温时，将逐只虾筒挂上蛋液后放入油鼎中热炸，注意翻转，至金黄色捞起即可，形似笔筒。

这是一道想象力特别丰富的潮式菜肴，单就"笔筒"二字，想必与文化有关。文人们总喜欢在书房的桌案上摆满文房四宝，显眼的位置便是笔筒。老厨师们是在什么年代巧借笔筒之形来烹制菜肴的，尚未有人告知。既然留下来了，我们就有必要让它继续传下去。

# 脆浆炸大蚝

**原材料**

新鲜大蚝12粒，脆浆粉500克，生姜1小块，青葱2条。

**调配料**

味精，精盐，胡椒粉，川椒末，白酒，生油。

**操作程序**

1. 将新鲜大蚝洗净，用开水轻焯一下，沥干水分。

2. 把生姜、生葱切细粒后放入大蚝肉，加入味精、精盐、胡椒粉、川椒末、白酒等，用手拌匀，让其腌制入味。

3. 烧鼎热油，把脆浆粉用水和开，在中温偏高时将大蚝逐粒挂上脆浆后放入鼎内炸，注意翻转，炸至金黄色后捞起即好，上席时用彩盘，配上甜酱。

蚝，是沿海人的福利。蚝仔煎、蚝仔粥是我们再熟悉不过的美味，炒蚝蛋、鲜滑蚝爽、姜葱大蚝、铁板大蚝等延伸着鲜味无限。

由于外国涌入来各式大蚝，重新唤起了人们

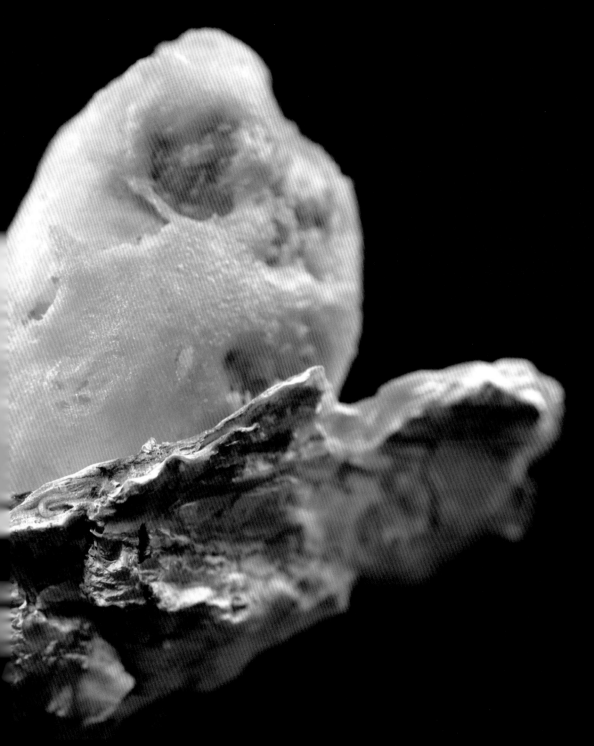

吃生蚝的欲望，因而把传统的炸脆浆大蚝忘记了。一菜多味，一味多样，
这是烹界的最高追求，不管你喜欢不喜欢，它存在就有它的价值。

# 凤眼鸽蛋

**原材料**

鲜鸽蛋6个，鲜虾仁200克，鸡蛋1个。汤勺12支。

**调配料**

味精、精盐、胡椒粉、上汤、生粉水、鸡油、生油各少许。

**操作程序**

1. 鸽蛋用清水煮熟，捞起漂凉，然后剥去外壳，再用刀对开待用。

2. 鲜虾仁洗净擦干，用刀拍成虾泥，加入味精、盐、蛋清后用力搅成胶状。

3. 在汤勺底部抹上薄薄的油，把虾胶分成12份放入，然后把切半的鸽蛋逐只放在虾胶上面，再用手轻轻修成凤眼一样，放入蒸笼蒸8分钟，沥出原汁，加入上汤然后勾芡，鸡油包尾后淋上即好。

　　用第三只眼看饮食之窗，能悟出不同的饮食天地，凤眼鸽蛋算不算第三只眼呢？一定不能。

　　厨师聪明地把鸽蛋与虾胶结合在一起，巧手做成丹顶鹤的眼，形似图似，追寻其因一直不明，只是一味佳肴而已。

　　虽然凤眼鸽蛋的菜肴在原始味道上，远远比不上炭烧响螺等生猛海鲜之劲、山野禽鸟之味，但其清鲜之味夹带着蛋香之韵也算是中规中矩。

　　这一菜肴如今被遗忘，现拾起烹之，足以传承了。

# 水晶田鸡

**原材料**

田鸡1000克，鲜虾仁300克，白肉200克，鸡蛋2个。

**调配料**

姜，葱，味精，盐，胡椒粉，白糖，麻油，鸡油，生粉水。

**操作程序**

1. 田鸡取出两条大腿，去骨，将肉剁碎；将白肉切成锯齿状（大约长8厘米，宽1厘米的薄片），用少许姜、葱、味精、盐和白酒腌制。

2. 鲜虾仁洗净，吸干水分，用刀面拍成虾胶，再加盐、味精、蛋清后搅拌起胶。

3. 将剁碎的田鸡腿肉和虾胶搅拌均匀后用手挤成丸，再把锯齿形的白肉逐条围放在虾胶上面，用手轻轻压紧黏合，再放进蒸笼蒸7分钟。

4. 取出蒸好的肉丸，将原汁倒入锅里，加入上汤勾芡后再淋在丸子上即成。

**特点**

晶莹剔透，柔滑清鲜，风味独特。

心解

从厨几十年，发觉有很多动物数量越来越少，究其原因，就是人为的过度捕掠和环境的破坏，田鸡也不例外。过度的捕捉，贪婪的食欲，使田鸡渐渐稀少了，碰到市场偶尔有之，也会因环境污染的顾虑望而却步。因此有关田鸡的菜肴一度彻底退出了酒楼食肆。

多年前有了田鸡养殖，有人曾拿来烹制。但因为欠缺了野生环境的锻炼，田鸡的肉质差别甚远，便被弃之不用。渐渐地，与田鸡有关的菜肴被遗忘了。

忽然间，我回忆起水晶田鸡，便把它烹制，记录。

# 绣球白菜

**原材料**

大白菜2株，鸡胗25克，鸡肝25克，鸡肉50克，瘦肉50克，虾仁50克，湿香菇2个，泡发好的莲子25克，虾米25克。配备咸草绳若干条。

**调配料**

味精，胡椒粉，鱼露，白糖，麻油，生粉，上汤，生油。

**操作程序**

1. 将白菜完整放入开水中煮至变软熟透后取出，用冷水漂凉，咸草绳洗净待用。

2. 将鸡肉、瘦肉、猪肝、猪肾全部切成粒后，与鲜虾仁一起炒熟，调入鱼露、味精和胡椒粉，汇成一个八珍馅料。

3. 将白菜吸干水分，其中一个白菜的菜心切掉后铺开，把炒好的八珍馅料放入中间，然后将铺开的白菜叶由内至外逐层包住，包裹成球状，再用咸草绳扎紧。

4. 烧鼎热油，油温不宜过高，将包好的白菜球放入油锅内炸至软透金黄色捞起，用清水煮沸洗去油脂，然后放入深盅，加入上汤，放入蒸笼炖至烂熟即成。

（注：上桌前将草绳剪掉，可以不勾芡，含汤吃。如要勾芡，应用浅圆盘，更显绣球之美。）

**特点**

口感软滑，鲜嫩香甜。

心解

古代的女子待嫁深闺，内心喜欢某个人又羞于启齿。聪明的人就制作了一个绣球，以投掷的方式扔向某个意中人，这便是抛绣球定亲的传说。

绣球白菜的烹制，有可能是厨师喜欢某个女服务生，又不便于开口，便用心做了一个绣球送与她品尝，以博得欢心，最终抱得美人归吧。

讲故事说菜肴，虽然牵强但也有趣，要不然怎么解读呢？如此烹制的绣球，你还想抛吗？不管怎么样，先把绣球白菜的构成写出来，以飨读者。

# 芙蓉炸肉

**原材料**

半肥瘦肉200克，脆酱粉250克，青葱1条，姜1小块，鸡蛋1个。

**调配料**

味精，精盐，白糖，白酒，胡椒粉，川椒末，甜酱，生油适量。

**操作程序**

1. 将半肥瘦赤肉平片开，用直刀轻剁出纹路，以适宜腌制入味。

2. 将姜拍碎，和葱放入，再调入味精、精盐、胡椒粉、川椒末、白糖、白酒，合在一起将肉腌制20分钟。

3. 脆浆粉用水和开，调制成稠糊浆，适当加入少许鸡蛋液和生油。

4. 烧鼎热油，中温偏高时，把腌制好的肉，挂上脆浆糊后放入油内热炸，注意翻转，直接炸至金黄色捞起，用刀切块摆盘，配上甜酱即好。

芙蓉炸肉、玻璃酥肉、结玉焖肉、酸甜咕噜肉、热炸风片肉、南乳芋香扣肉、肉饼、肉丸以及卤肉等一系列菜品频频出现在酒席中，应该在二十世纪六七十年代。食材匮乏的年代，厨师们穷尽思路，努力发挥，于是乎，猪肉被烹制出无数的菜肴……

记住它，芙蓉炸肉，一个时代的烙印。

# 茼蒿炒明虾

**原材料**

明虾12只（约1000克），茼蒿750克。

**调配料**

味精，胡椒粉，鱼露，麻油，上汤，粉水，猪油。

**操作程序**

1. 明虾去头留尾，用刀在背上轻轻片开，去除虾肠，清洗干净待用。

2. 茼蒿去头洗净，特别要注意微沙，自然去掉水分。

3. 明虾用粉水搅拌均匀，下锅前事先兑好调料，用生粉水勾芡待用。烧锅热油，油温不宜过高，把明虾放入油锅中用勺轻轻拨开，让其熟透后迅速沥干油分。

4. 迅速把茼蒿菜放入锅中翻炒，再把明虾回锅与茼蒿烩在一起，将兑好的"芡汁"倒入，迅速炒均匀装盘。

柯裕镇师傅在配菜中经常会配出"茼蒿炒明虾"的菜肴来。我曾问过他，此菜应算何等级，他说："是道名菜，属传统菜肴。"简洁的回话。

蔡和若师傅、陈霖辉师傅也曾经说过此道菜是传统菜，至于传统的理由，大家都说不出。

我分析了一下此菜肴特点：

一、应季的明虾应该是在农历九月至十月间，明虾肉鲜嫩，口感弹脆，彰显肥美身躯，明虾肉和茼蒿菜的碰撞又是非常合拍的美味。

二、应季茼蒿菜具有独特清鲜蔬菜之味，茼蒿菜用在汤类或火锅居多，用在炒这一方面比较少。因为难以把控，所以迅速下锅、迅速起锅非常关键。烹调时火候过了，茼蒿菜叶容易烂，明虾肉也容易变硬影响口感。

三、芡汁的黏稠度一定要把控到位，不宜紧汁更不宜宽糊，茼蒿菜必须肥油，这需要对食材有很深层次的理解。

在长期的探索中我对一些菜肴有一点理解，但未必透彻，尽管人人都有自己的看法。本着探讨的目的，特提出我自己的看法。

（注：潮汕人称对虾为明虾。）

# 油泡六月鳝

**原材料**

黄鳝鱼1000克，蒜头50克，珍珠菜叶25克，红辣椒1个。

**调配料**

味精，鱼露，胡椒粉，麻油，酱油，生粉水，生油等。

**操作程序**

1. 将黄鳝鱼开膛去骨，去头尾，洗净黏液后用直刀和斜切花纹，用少许酱油涂抹鱼身，再用湿粉护身待用。

2. 分别将蒜头和辣椒切成蒜末，然后将蒜末爆香，用碗盛起，加入辣椒末、味精、鱼露、麻油、胡椒粉、少许上汤和湿粉水兑成碗芡汁待用。

3. 烧鼎热油，珍珠菜叶炸至酥脆捞起，摆在盘子边缘；再将鳝鱼拉油，熟透后沥干油分。

4. 将兑好糊的蒜末倒入鼎中，轻轻拌匀后加入鳝鱼翻炒几下，盛起放在珍珠菜中间即成。

**特点**

柔滑鲜嫩，蒜香浓郁。

心解

这是一个季节性比较强的菜肴，具有独特田园风味。每年夏季，当稻谷收割后，黄鳝鱼是最肥美的。

潮菜名厨蔡和若师傅说过：田鸡、甲鱼和鳝鱼在潮菜的烹饪中未必是最佳的，但在夏季，独特的田园风味是不能忘的，尤其是六月的黄鳝鱼。

于是，我便把它记录下来。油泡六月鳝确实不是随意选择的。

# 古法酿珠瓜

**原材料**

苦瓜2条，肥瘦肉200克，鲜虾仁50克，马蹄肉25克，鲽鱼15克，杂骨料500克，湿香菇2个。

**调配料**

味精、精盐、胡椒粉、麻油、白糖、茨粉、上汤、生油均适量。

**操作程序**

1. 去掉苦瓜的头与尾，用竹批把苦瓜内瓣籽挖出，再用滚水焯灼一下后捞起漂水候用。

2. 用刀将肥瘦肉剁烂，鲜虾仁洗净拍成虾胶，湿香菇、马蹄肉切粒，将鲽鱼脯炸熟后碾末，用盆装起来，再调入适量的味精、精盐、胡椒粉、白糖、麻油、茨粉，然后和成肉馅料。

3. 苦瓜用干净的布擦干水分，瓜体内壁撒上干粉，再将肉馅料装进苦瓜体内，头尾用干粉收口。

4. 烧鼎热油，中温时把酿好的苦瓜放入鼎内热炸一下，捞起放入砂锅，注入上汤，盖上杂骨料，放上炉上慢火煨炖20分钟，上席时用刀切块即好。

（注：尽量选择瘦细修长的苦瓜，成品相对好看。）

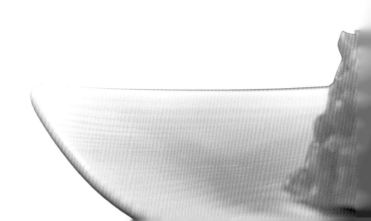

苦瓜，一个普通的果蔬品种，全国各地方都有。特别是南方，在雨水充沛的亚热带地区更适宜生长，因而产量特别多。苦瓜性甘味苦，具有消暑清热等多种对人体有效的药食效果，受到很多人的喜爱，因而烹出了很多不一样的菜肴。

例如：凉拌苦瓜，生炒苦瓜丝，蟹肉苦瓜羹，排骨焖苦瓜，炒苦瓜蛋等，当然还有古法酿珠瓜。古法酿珠瓜，它与酿王瓜是两个不同味道方向的果蔬酿制菜肴。苦瓜表现的是浓烈味道，王瓜表现的是清鲜味道，因为酿着各自的馅料，鲜肉馅与鲜虾馅，所以它们才突破了界限，得以登上酒席。

（注：王瓜是潮汕人叫法，应该是黄瓜的音误。但在潮菜的教义上，前辈师傅提到黄瓜，都是以"王瓜"的字眼出现的。）

# 番豆猪尾汤

**原材料**

猪尾骨2条，杂骨500克，番豆250克。

**调配料**

味精、盐、鱼露、胡椒粉、葱珠、芫荽等。

**操作程序**

1. 番豆仁洗净，猪尾骨剁块和杂骨洗净待用。

2. 砂锅加入清水，放入番豆，煮沸。加入猪尾骨和杂骨，旺火煮沸，转慢火熬煮。熟透后调入盐、味精、鱼露、胡椒粉等，校对味道，再配上葱花、芫荽。

**特点**

汤清味甘甜，肉香有嚼劲。

　　如今寻味多处未见番豆仁猪尾骨汤的踪影，是什么原因，暂且不知。

　　但凡豆类，植物蛋白和油脂丰富便会带足香气，可人体若摄入太多，也会影响消化。相对比其他食材来说，番豆还会使人体产生大量肠道气体，气体在肠道上受到阻隔时会产生胀气，一旦肠道气体排泄时，便会臭气冲天，特别难闻。所以很多人放弃食用，可能有这个原因吧。

# 金不换炒薄壳

**原材料**

鲜薄壳400克，蒜头4个，辣椒1个，金不换叶适量。

**调配料**

鱼露、味精、湿粉水、猪油各少许。

**操作程序**

1. 薄壳洗净沥干。

2. 蒜头剥去外膜后用刀拍碎；辣椒切细后和金不换叶放在一起待用。

3. 烧鼎热油，爆香蒜头，再依次加入辣椒、金不换叶、鲜薄壳、鱼露和味精后快速翻炒，在薄壳刚刚开口时勾薄芡即成。

心解

　　薄壳，学名寻氏肌蛤，又称海瓜子，在贝壳类中不是最小的，但它的壳是最薄的，故此在潮汕地区被称为薄壳。

　　薄壳的季节性比较强，最肥美是在入秋后，故有一句俗谚叫"早东晚北，牵鬃鱼鲜薄壳"。

　　薄壳，在潮汕还会被误称为"手枪"。原因是潮汕话中薄壳与驳壳枪发音相同，因此炒薄壳曾被文化较低的服务生写成"炒手枪"。

　　薄壳，在潮汕厨师手中能烹出很多味道来，诸如薄壳煮粿条、葱珠炒薄壳肉米、薄壳米汤羹、薄壳米肠粉等，甚至有人把它烹制成薄壳全宴。

　　但我认为家庭式炒薄壳是最为原始的味道。几瓣蒜头，几片金不换叶，再滴上几滴鱼露，即刻鲜味无限。

　　薄壳，是潮汕人无法拒绝的味道，你信吗？

# 卤汁含大头

**原材料**

大头贝壳500克，卤汁50克，酱油50克，蒜头25克，芫荽25克，
生辣椒1个。

**调配料**

味精、白糖、麻油、胡椒粉、猪油均适量。

**操作程序**

1. 将大头贝壳放在淡盐水中静养大约2小时以上，逐粒检查是否有死
   贝壳。用开水轻焯至半熟，呈稍半开口状态。

2. 蒜头拍扁后用猪油爆香，加入卤汁、酱油和清水煮沸（清水浸过大

头贝壳即可），再加入辣椒、味精、白糖、胡椒粉和麻油，最后加
入芫荽。

3. 把调好的卤汁酱香淋入半开的大头贝壳内，让味道渗入即可。

**特点**

肉质嫩爽，味道鲜甜，卤香浓郁。

一个"含"字，用在饮食的专用术语中，其意义是非常特别的。

在潮菜烹艺中，带贝壳的食材在烹饪时需要带含汁的煮法，其过程是由半煮和腌浸两方面构成：

一、贝壳主料煮至七成熟后，让它处于半开状态捞起待用。

二、配料和所需调料用汤水煮沸后放凉，再将贝壳浸入，让贝壳充分吸收所有调配料的精华。

例如鱼露含血蚶、酸梅汁含花甲、卤汁含大头等都是采取这种"含"法。当然"含"字还包括含汁、含鲜、含嫩等意思。

有人问我，为何编写贝壳类竟然选择"大头"贝壳？我思考过，贝壳类大至响螺小至红肉米（红肉河蓝蛤），很多前辈厨者都或多或少描述过，而"大头"呢？

潮汕过去有一句关于贝壳的俗话非常流行，叫"大头，蟧蛄，鲜薄壳"，上辈人说过大头的品味不比薄壳差。是不是这样呢？很难说。因为大头是含的，蟧蛄是腌渍的，而鲜薄壳是炒的。因此我认为根本没有可比性。烹调方法不同，必然产生品味的差异。

我不想忘记含大头，所以将它的烹制方法重新提出来，记录一下以说明"含"的意义所在……

（注：大头贝壳的学名——中国绿螂。）

# 鲜笋焖稚鸭

**原材料**

光鸭半只，鲜竹笋1个，蒜头25克，生姜25克。

**调配料**

酱油、辣椒酱、味精、精盐、白糖、白酒、麻油、生油等均适量。

**操作程序**

1. 光鸭洗净剁成小块，鲜笋削去外壳和硬头，切成小块；蒜头剥去外衣后剁成粒状，生姜切成粒状。

2. 烧鼎热油，爆香蒜头，再加入姜米和辣椒酱一起爆香，然后加入鸭肉炒香，边炒边加入酱油、麻油、白糖、白酒，炒至香气溢出。

3. 将笋块加入鸭肉中一起翻炒，让鼎气穿透鸭肉与笋块，然后注入上汤，煮沸后转慢火焖至入味熟透即可。

**特点**

汤汁宽紧适宜，辣、咸、甜三味交会。

"够咸、够甜、够辣，这才是鲜笋焖鸭的真正味道。"这是罗荣元师傅在烹制这道菜肴时特别强调的。

他说这道菜看似简单，但是要让味道贯穿就不那么简单了。让"咸、甜、辣"等味道同时出现在一个菜肴中，是需要胆量和勇气的。

　　烹制鲜笋在潮汕地区比比皆是，最让我难忘的是潮州江东镇的老包笋店。熬笋的时候，厨师将一把胡椒粒拍破后放入鲜笋和牛肋骨中，让胡椒的辛辣味贯穿在鲜笋中，真是妙极了。

　　因此我也就绝对相信"够咸、够甜、够辣"的味道能在鲜笋鸭中完美体现。信不信由你。

# 龙头鱼煮咸面线

**原材料**

新鲜龙头鱼600克，普宁咸面线200克。

**调配料**

青葱珠，芫荽，鱼露，味精，胡椒粉，猪油。

**操作程序**

1. 将龙头鱼去头、去肠肚、去鳃鳍后切成段，洗净后用潮汕鱼露腌制20分钟。

2. 普宁咸面线用开水泡软煮开，待松软后捞起用清水漂凉，以便去掉一部分咸味和黏糊。

3. 在汤锅里加入清水煮开，将龙头鱼沥干鱼露后放进开水里煮至鱼块变成乳白色，再将咸面线放进去煮开后调入鱼露、味精、胡椒粉和少许猪油，加入葱珠和芫荽即成。

**特点**

汤清不腥，鲜味无限。

这是一个家庭常见的菜品。

龙头鱼是沿海低层鱼类，软身而无营养，整个鱼身都是水分，但却是鲜味无限。特别是鱼露的渗入腌制，更是助长了味道的提升。当普宁县出产的咸面线与其碰撞时，食客的味蕾得到极致的享受。

特别要指出的是，烹煮龙头鱼咸面线不能用任何肉汤、上汤，只能用清水来煮，不信，你试试便知。

（注：龙头鱼，潮汕人称为佃鱼。）

# 萝卜扣明虾

**原材料**

半干对虾6只，萝卜2个，湿香菇2个，上汤200克，芹菜25克，元贝1粒。

**调配料**

味精、精盐、麻油、胡椒粉、湿粉水、鸡油等均适量。

**操作程序**

1. 将半干对虾用温水浸泡一会儿后去壳，再对切成两片。

2. 萝卜去皮后对切，再横切成两连片，然后用开水泡浸让其变软。

3. 将虾片放入萝卜片中夹紧，然后排放在大浅碗中围成一圈，中间放入元贝和香菇，再注入上汤，调入味精、盐，盖上肉料，用保鲜膜封盖后放入蒸笼蒸30分钟。

4. 取出蒸熟的萝卜，反转扣入盘中，沥出原汁，用湿粉水勾芡后淋在萝卜上，最后撒上芹菜粒即成。

　　萝卜扣明虾，这是一个海洋文化与田园风味结合的品种。选择此菜肴来烹饪，皆因入秋明虾上市了。可惜的是冬瓜却已经不当季了，师兄陈汉华先生灵机一动，改用萝卜来做，并将菜名做了修改。

　　这是一个典型的扣品，我认为用萝卜扣明虾来冠名最佳，直观贴切，也符合潮菜冠名个性。

　　对虾，经过日晒产生了干货特殊的韵味。半干的脯味在慢嚼中唇齿留香。如果把这种脯香和冬瓜或萝卜相扣入炖，相互渗透，相得益彰。

　　先人有一句"不鲜不用，不时不吃"的妙语，告诉我们在菜肴的处理上要遵循季节规律与烹饪的合理性。

　　师兄陈汉华先生做到了，萝卜扣明虾就是例子。

# 脆炸金钱柑

**原材料**

潮州椪柑2个，冬瓜册或乌豆沙100克，脆浆粉500克。

**调配料**

白糖、生油均适量。

**操作程序**

1. 椪柑剥皮去经络，然后掰成一片片，再用刀把每片对开候用。

2. 把瓜册切成细条状，放在开好的柑片上面，再用另一片柑覆盖，两片相夹。

3. 烧鼎热油，把脆浆粉用水和开，调成糊状，再将柑片逐片挂上脆浆，放入油鼎内热炸，注意翻转，至金黄色时捞起。

4. 用白糖和水煮溶后，形成挂霜状，把炸好的脆浆柑进行反沙让其挂霜。

**心解**

再熟悉不过的潮州柑，怎么看都不起眼，只有厨手才会想到把它变成一个甜食菜肴。

一桌酒席菜肴，如果没有时令瓜果蔬菜搭配，那是不完美的。

# 豆腐鱼头羹

**原材料**

鳙鱼头1个（约1000克），山水豆腐100克，火腿丝25克，嫩姜25克，芫荽、芹菜各少许。

**调配料**

味精，盐，胡椒粉，鸡油，上汤。

**操作程序**

1. 将鳙鱼头洗净放入蒸笼蒸熟，取出放凉，再用手撕开皮、肉，去骨，把鱼头肉留取待用。

2. 水豆腐切碎，不宜太大块，火腿、嫩姜、芹菜切小丝待用。

3. 取清汤下锅煮开后将鱼头肉、火腿丝、稚姜丝、芹菜丝逐一投入，拌匀，调入味精、盐、胡椒粉。慢火用粉水调成羹状，再加入少许鸡油、芫荽即可。

（猛火可能会让粉水过早凝固，形成鱼脑块，影响口感。）

**特点**

鲜甜嫩滑，是羹类中的佼佼者。

羹的类别太多了。古早杭州就在西湖游艇上发生了一则故事：宋嫂叫卖鱼羹好味好吃，艇上皇帝闻声而尝味，果真如传说一样，故赏银两奖励，自此名扬。

此后各地烹者习之而改，用多样食材烹制出了多样的羹。

　　用鳙鱼头肉和山水豆腐烹制出一碗绝味的鱼羹，这要求厨师要有理性的感悟。

　　传说中宋嫂用的鱼大部分是鲩鱼，而今天潮菜厨师采用的是池塘水库中的大鳙鱼头肉来烹制，其肉质鲜甜嫩滑，加入山水豆腐营养更丰富，是地方风味与海洋文化的完美结合，也让鱼羹的出品得到更大的提升。

# 鳙鱼头焖芋

**原材料**

鳙鱼头1个（约1500克），青葱100克，芋头1个，姜2片，辣椒1个，骨汤适量。

**调配料**

味精、鱼露、胡椒粉、干薯粉、生油均适量。

**操作程序**

1. 将鳙鱼头边缘的鱼鳞刮干净后，用刀对开，取掉鳃块，然后剁成几大块，撒上干薯粉候用。

2. 芋头去皮，用刀切成棱角块，青葱切段，辣椒切小待用。

3. 烧鼎热油，把芋头块炸至金黄色捞起，再将鳙鱼头块放入鼎炸熟捞起。

4. 将姜片、辣椒、葱段放入鼎煸炒起香，放入炸好的鳙鱼、芋头，再注入骨汤，旺火烧沸，调入味精、鱼露、胡椒粉，然后用慢火让其入汁即可。

（注：要保留一定汤汁，不能太黏糊。）

**心解**

历史上有过的鱼头转炉，在汕头老市区原五福餐室，曾经很出名，也让很多人留恋。

"这步那步，松鱼头（鳙鱼头）焖芋"——这是潮汕话语中的顺口溜。"这步那步"应属于步骤

　　的意思，言明松鱼头在选择其他辅助食材时，不如选择芋头。它真实地说明了鳙鱼头焖芋是一道不错的菜肴。

　　它绝对鱼味鲜甜，芋味浓香。

# 姜丝焖蛇段

**原材料**

山律蛇一条（约1500克），粗肉骨500克，稚姜250克，湿香菇8个，青蒜2根，红辣椒2个，芫荽2株。

**调配料**

豆酱泥、辣椒酱、味精、酱油、白糖、白酒、胡椒粉、麻油、生油均适量。

**操作程序**

1. 山律蛇剪去头部，开膛去肠肚，洗净后剁成每段6厘米左右待用；稚姜切丝；青蒜切段。

2. 烧鼎热油，将香菇爆香后加入青蒜炒熟捞起；姜丝用油爆至微褐色，含油盛入砂锅，留少许待用。

3. 将适量生油倒入鼎中，再加入辣椒酱和豆酱泥爆香，然后加入蛇段边翻炒边加入青蒜、红辣椒，调入酱油、味精、胡椒粉、白糖和酒，继续翻炒至鼎气旺盛，再加入上汤和粗肉骨

焖20分钟。

4. 将焖好的蛇段摆入砂锅，将去掉青蒜、红辣椒、芫荽的原汁
   倒入，再盖上待用的姜丝，然后用慢火煲至出味即成。

特点

山野风味，细滑柔韧，微辣鲜香。

秋风起，三蛇肥，这是自然界不变的规律。

潮汕吃蛇的历史不长，远远比不上广府和珠三角一带，吃法也不能与其相提并论。特别是粤菜中的太史蛇羹、龙虎烩凤凰等名菜佳肴更是绝品。

这道姜丝焖山律蛇段，以前谁都没有烹制过，只是江湖有传说。

有一次我在海陆丰寻味，偶然撞见了这种做法，只是当时烹制的是海蛇，感觉也不错。海蛇只在沿海地区有，加上有毒，较少烹饪。我此番为之一烹，借用山律蛇替换海蛇，让它留味于此，才能不断延伸……

这道姜丝山律蛇段最突出的特点，就是嫩滑的蛇肉透着鲜香的姜味。所以烹制时稚姜要多，爆香之后放在砂锅内，要将锅底铺满，然后用中火煎至姜味窜鼻，再放入焖好的蛇段，上面还要覆盖爆香的姜丝，加盖焖焗，让姜味完全渗透到蛇肉里。

于是乎，姜丝山律蛇段的绝美味道出现了，姜香飘逸，微辣嫩滑，尝过就停不下来，真是一道佐酒佳肴！

如果说海陆丰一带所烹制的姜丝海蛇段具有海洋之韵，那么我们烹制的山律蛇段则饱含着山野之风。

# 百花酿竹荪

**原材料**

竹荪50克，鲜虾仁200克，白肉25克，马蹄肉25克，鸡蛋1个。

**调配料**

味精，精盐，胡椒粉，鸡油，生粉水，上汤。

**操作程序**

1. 竹荪用温水浸泡10分钟后洗净，切成8厘米左右的小段，再浸泡清水待用。分别将白肉和马蹄肉切细待用。

2. 将鲜虾仁洗净吸干水分，用刀面拍成胶状，加入味精、盐、蛋清搅拌后加入白肉粒和马蹄肉粒拌匀。

3. 将竹荪吸干水分后轻轻撑开，酿入虾胶，两端修整齐后放入蒸笼蒸8分钟。

4. 取出蒸熟的竹荪卷，将原汁倒入锅里，加入上汤，调入味精、盐、胡椒粉和鸡油，勾芡后淋在竹荪卷上即成。

**特点**

口感爽脆，味道鲜甜。

世界上有五千多种菌类，而中国就拥有三分之二的品种。

在食用菌中，首屈一指的要算松露。松露独特的气息，让很多人揣摩不透。其次是松茸，炖汤、清炒甚至生吃，松茸的嫩滑、清香、甘甜都让人回味无穷。

　　竹荪也是菌类的佼佼者，同样受到推崇。如取中间部分，用上汤醉，其清脆的口感和特殊的清香也颇受欢迎。

　　1984年10月我到香港考察，和在港任厨师的薛信敏先生谈到港式潮菜时，他列举了香港金岛燕窝潮州酒楼的厨师们用燕窝来装点菜肴，如"鸽子吞燕、高丽参炖燕、火腿燕窝球、竹荪燕窝卷"等，这都是当年的高端出品。特别是竹荪燕窝卷，利用竹荪的中节空间，用燕窝球的做法酿成一节节，品味高端，备受青睐。但由于价位较高，消费群体有限。

　　当时在鮀岛宾馆任职的我一直寻求可以替换燕窝的普通食材。当我想到虾胶作为百花馅酿在其他食材做成的菜肴时，我灵机一动。于是乎，百花酿竹荪卷就完成了。

# 菠萝菊花鸭胗

**原材料**

鸭胗4个，菠萝半个，红辣椒，青葱，姜米适量。

**调配料**

白糖、米醋、酱油、茄汁、茨粉、生油等。

**操作程序**

1. 将鸭胗的内膜去掉，用横刀切至底部但不切断，然后直刀切成两片相连；菠萝去皮去心后切成厚片状；红辣椒切成小块；青葱切小段。

2. 将白糖、米醋、茄汁、酱油和湿粉调成适量的糖醋茨汁待用。

3. 烧鼎热油，把鸭胗片花挂上湿粉后放入热油中拉油，熟后捞起沥干。再将菠萝和糖醋茨汁炒至成糊后加入鸭胗，迅速翻炒即成。

**特点**

口感爽脆，酸甜开胃，品相极佳。

心解

1971年，我们在标准餐室学厨，第一次看到魏坤师傅做此菜品时就惊呆了，原来鸭胗还可以这样烹制。

很多年后，带着疑惑向罗荣元师傅求教，他很认真地说道：最好是选取鸭胗，原因是鸡胗太小，鹅胗太大且硬，口感较

差。在通过刀工处理后能呈现菊花形的鸭胗是最好的。

　　他继续说道："如果你把鸭胗的筋膜去掉，刚好横刀分切五下，直刀改切一刀不断再连一刀切断，形成两连片，这样油泡开后即现菊花状。"

　　真是理解到位，能让你少走很多弯路。

# 益母草饺

**原材料**

新鲜益母草500克，鲜虾仁100克，白猪肉100克，云吞饺皮若干。

**调配料**

味精、盐、胡椒粉、猪油均适量，上汤。

**操作程序**

1. 益母草去头洗净，焯水后漂凉，沥干水分，用刀轻轻剁碎。

2. 鲜虾仁洗净后吸干水分，在砧板上用刀拍成虾浆；将白肉切细粒，然后与益母草汇在一起，调入味精、盐、胡椒粉后搅拌成馅。

3. 云吞饺皮放在左手掌上，然后用竹批把馅料划入饺皮内，手掌一卷，右角往 左角一压，即成元宝形的云吞饺。

4. 清水煮沸，把益母草云吞饺放进去煮，熟后捞起注入上汤即可。

但凡被称为草的植物，饮食界一般不会考虑将其用在烹制菜肴上，有也甚少。那么益母草算不算草呢？它似乎介于草菜和药草之间，既有一定药效，也可当菜烹煮。

过去，益母草很少作为家庭青菜食用，市场上摆卖也极少。只听老辈人说过益母草带有清洗体内肠道污垢之功效。特别是妇人经后不适时，益母草便有活血调经之用，对女性非常有益。因此购买者多为中年妇女，这也是益母草得名之原因吧。

原本一直是女人专用药材的益母草，突然一些男人也争相食用。或煮

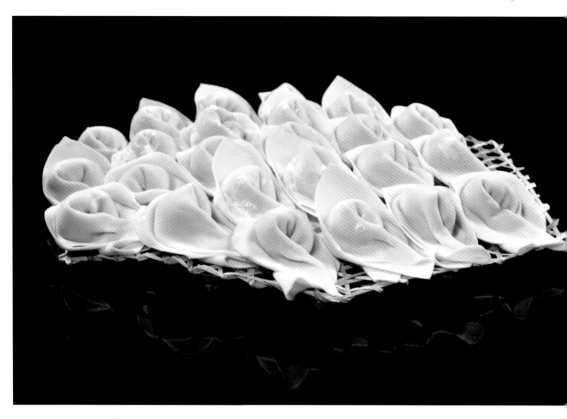

猪肝瘦肉，或煮猪血粉肠，甚至煮海鲜。我煮过，也尝过，涩涩的口感，苦中带甘，纤维比较粗，感觉不好吃，甚至排斥它。

人，有时会熬夜积火，烟酒多了，难免咽喉不适，肠胃积热生燥火。益母草具有清热解毒、利水消肿的功效。吃碗益母草瘦肉或猪血，能起到通便泻火的作用。由于这种理解带有合理性，逐渐被男人们所接受，所以这一原专属于女性的益母草就流行于市面。特别是早上的食摊上，越来越多的男人喜欢吃益母草汤。

益母草在潮汕各地都有种植，它生长周期短，阴凉湿地生植，茎细且软，叶细，茂盛时枝叶青翠，味清新而涩，煮熟后略带苦甘，有微毒。

益母草与艾草、真珠菜，还有江浙一带的荠菜以及全国各地均有的香椿一样，在烹饪上有一定难度，如果处理不当，其实是很难下咽的。是药三分毒，一句中医学上的名言，明确警示。

我不会经常食用未出现于传统菜肴的一些食药材，不过偶尔烹制一下粗纤维的野草菜，也未尝不可。

# 白玉藏珍

**原材料**

去皮冬瓜1块（约2000克），鸡肉50克，虾仁25克，瘦肉25克，鸡胗、鸡肝各25克，虾米15克，莲子15克，湿香菇2个。

**调配料**

味精，盐，胡椒粉，白糖，麻油，上汤，生油，生粉水。

**操作程序**

1. 分别将鸡肉、虾仁、瘦肉等八珍料切成粒状，放入鼎中，调入味精、盐、胡椒粉等炒香，汇成八珍料。

2. 将整块冬瓜焯水后放入深盘，注入部分上汤，放进蒸笼蒸至软烂后取出，用勺子取出上面的冬瓜肉，把炒好的八珍馅倒进去，再将冬瓜肉覆盖在八珍料上面，形成雪山图。

3. 再次将冬瓜放入蒸笼蒸10分钟后取出，将原汁加入上汤勾芡后淋在冬瓜上面，这道雪山藏宝图就完成了。

**特点**

雪白晶莹，口感软绵，清爽鲜甜。

心解

看武侠小说，大多数是门派争斗，为的是争得武林盟主地位或是山头老大，如此才能呼风唤雨，傲视群雄。还有一种是历史上的前辈们留下宝物，却不告诉你藏于何处，只留下一张画得谁都看不懂的藏宝图。于是各门派为争夺藏宝图大打出手，甚至连命都搭上了。

历史上的厨手们，学得武林高手，用冬瓜等食材烹制成一幅藏宝图，让吃客们为寻宝而来，乐意掏尽银两。

哈哈哈，多么聪明的厨者。

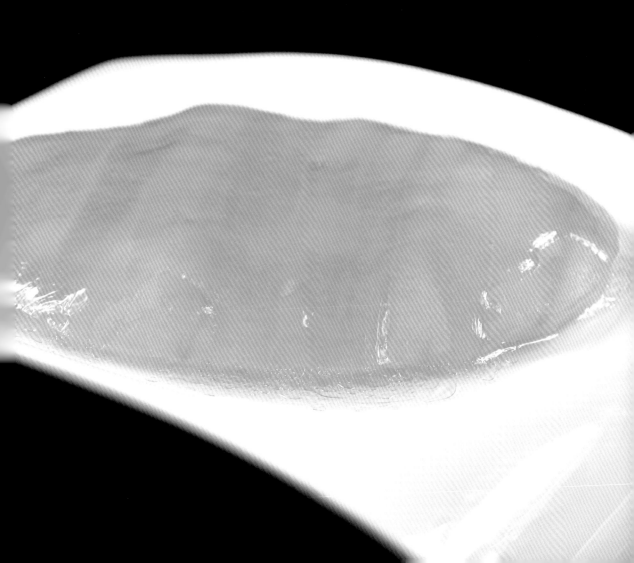

# 原粒金瓜芋泥

**原材料**

鲜南瓜1个，芋头1个。

**调配料**

白糖，猪油。

**操作程序**

1. 南瓜横放，用小刀在瓜体前端轻扎斜刀，然后正反刀按顺序轻扎，形成锯齿形。取下瓜蒂部分，再把瓜体内部瓜瓤瓜子掏空，用白糖把整个瓜腌制候用。

2. 芋头去外皮，用刀切成薄片，放入蒸笼蒸熟，用刀平压碾成茸状。将适量猪油放入鼎中，中温的火候，把碾好的芋茸加入，再加入适量的白糖，用锅铲慢慢搅拌至泥即好。

3. 把腌糖后的原只南瓜，用中火进行熬煮（可加入适量的水），让糖浆慢慢浸入南瓜体内。完成整瓜的熬煮后，捞起摆正，再把芋泥装入瓜内，覆盖上瓜蒂部分即成。

心解

　　师兄弟陈木水师傅在回忆当年参加广东省十大名厨的评比时，带着此甜品佳肴参赛，受到好评，至今还津津乐道。

　　他说道："这是一个由简单原材料组成的甜品菜肴，但很多厨者都不愿去触及它，只因操作程序烦琐而且时间跨度较长，单纯腌制鲜南瓜块的时间就需要12小时以上，何况是原只腌制。原只南瓜在熬煮时要特别小心，需要真功夫，弄不好会前功尽弃。"

要注意的是：

一、选择鲜南瓜时个头儿不宜太大而且要完整，不能太嫩或过粉。

二、在熬煮时要用竹签穿刺厚实部位，让糖汁更容易渗入瓜体，保持原有的形体。

# 彩丝大龙虾

原材料

龙虾1只（约1000克），瘦肉100克，火腿肉50克，粉丝50克，干
虾米100克，蒜头100克，青黄瓜1条，红辣椒1个，鸡蛋1个。

调配料

味精、酱油、白糖、陈醋、麻油均适量。

操作程序

1. 龙虾放入蒸笼蒸熟，放凉后把头部取出，尾部切断，然后在大盘中摆上头和尾，再将龙虾身上的肉取出后撕成丝待用。

2. 瘦肉煮熟切丝；火腿肉切丝；鸡蛋煎成蛋饼后切丝；青黄瓜切丝；粉丝泡发后捞起沥干。

3. 将撕成丝的龙虾肉摆在龙虾头尾的盘子中间，再依次把五丝挂靠在龙虾肉旁边，形成整只龙虾彩丝图案。

4. 干虾米用开水洗后切细粒；蒜头切小，然后与酱油、白糖、味精、麻油、陈醋调成佐料，伴于彩丝龙虾旁（也可选择卡夫奇妙酱沙律伴盖出品）。

特点

嫩滑清甜，咸甜适口。

心解

我在鮀岛宾馆工作期间，柯裕镇师傅是当时的名厨。他的点子特别多，变换的菜肴也多，彩丝大龙虾就是当时他在变换菜肴时的一个亮点。他时而用沙律加身，时而虾米蒜茸相伴，用双料双味互相呼应。

如今，烦琐的工序让这道出品逐渐远离厨师们的视线，因而也渐渐被忘却。记录与不记录仍然是一个挣扎的过程。

龙虾，作为菜肴的出品，曾经是在前端位置，特别是喜宴请客，离不开的品种有清蒸龙虾、生菜龙虾、上汤焗龙虾、蒜茸蒸龙虾、焖龙虾伊面、沙律龙虾、芝士焗龙虾、白汁龙虾球等。

潮菜的烹者在上述亦中亦西的龙虾烹制上也有上佳表现。

那么彩丝大龙虾呢？

　　事实上彩丝龙虾是一个双面菜品，它既可选用沙律酱作为西餐式出品，又可选择中餐的虾米蒜茸佐料相伴为凉菜出品。

　　今天的记录，目的就是让你看到不一样的大龙虾。

韩志光　摄

# 牛奶鸡球

**原材料**

光鸡1只，鲜牛奶1升，生油适量。

**调配料**

味精，盐，粉水。

**操作程序**

1. 光鸡洗净擦干水分，用刀起出两片胸肉，把肉修平，再用直刀轻放花纹后切成方块待用。

2. 将鲜牛奶煮沸，倒入炖盅内；鸡肉用薄粉水拌匀后拉油，然后用清水洗去油面，再放入炖盅内，调和味道。

3. 盖上炖盅，用丝纸沾湿后覆盖在盖子上，放入蒸笼隔水炖30分钟即成。

**特点**

肉质鲜嫩，奶香浓郁。

　　1974年秋，原汕头市侨办主任林谷先生在一次家庭生日酒席上品尝到我烹制的炖牛奶鸡球，大加赞赏。席散离开时，他特地到厨房告诉我此菜很好吃。一道鲜牛奶炖鸡球竟然让林谷先生动容，皆因其早年侨居国外，对一些西方菜肴有所了解。他告诉我，这是一个套用了西厨烹调法的潮菜。

　　后来我就此菜品咨询了罗荣元师傅。罗荣元师傅告诉我，菜肴的烹制和形成是无疆界、无区域的。相互渗透，相互借鉴，洋为中用比比皆是。潮菜中出现的炸吉列虾、生菜龙虾、炸吉列鸡、白汁鲳鱼等都是西餐出品后经中厨改良而成的成功典范。

# 鸽子吞燕窝

**原材料**

光鸡1只，脱毛光鸽12只（不开膛），半泡发燕盏300克，瘦肉500克，排骨500克，芹菜25克，姜2片，青葱2条，配置炖盅12个。

**调配料**

味精，盐，胡椒粉。

**操作程序**

1. 用小刀将鸽子从颈部切小口，把颈骨拉出剪断，顺势往下拉，边拉边小心将筋挑断，使骨肉分离，至尾部时将筋骨剪断，取出骨架，形成荷包鸽。

2. 将瘦肉、光鸡、排骨斩块，然后跟荷包鸽分别焯水，洗净后放入汤盆中，加入开水和少许盐，再放蒸笼隔水炖40分钟取出，沥出上汤待用。

3. 将半发好的燕窝分成12份，逐份带少许水装进荷包鸽腹内，再用竹签把开口缝紧。然后放入开水中灼至鸽身鼓起捞出，清洗皮下垢渣和细毛，再逐只放入炖盅。

4. 上汤调入味精和盐，再注入炖盅内，加盖后再用丝纸密封，放入蒸笼炖40分钟即成。上桌时拔掉竹签，配上芹菜粒。

**特点**

滑感强烈，酸中带甜，消食开胃。

　　香港河内道金岛燕窝潮州酒楼，原是泰国商人黄子明先生和港商王德义先生经营的一家酒楼，他们吸纳了众潮菜师傅，诸如许锡泉、吴木兴、薛信敏、徐伟光、周汉斌、陈兴等。

　　这班厨者利用黄子明先生在泰国经营燕窝的有利条件，将原先雪耳荷包鸡的做法进行改变，将鸡换成鸽子，用燕窝替代雪耳，就这样，一道名肴便华丽转身，更显尊贵高端。

　　鸽子吞燕窝的出现，引起很多人关注，尤其是潮汕师傅，纷纷前往品尝、学习。

　　自此，世人称它为"天下第一汤"。

# 浸卤大活鲍

### 原材料

澳洲活鲍鱼1个（约1000克），肚肉500克，番茄1个，青柑2个，红辣椒2个，西芫荽1株，花朵若干。八角，川椒，大茴，小茴，草果，香叶，南姜，辣椒，大蒜，芫荽等。

### 调配料

酱油、南乳汁、白糖、白酒、味精均适量。

### 操作程序

1. 活鲍鱼去壳去内脏，再刷洗干净。

2. 将酱油和水倒入砂锅中，加入卤料，用大火煮开后转慢火煮出味，再加入白肉、白糖、白酒、味精。

3. 卤水煮40分钟后，加入鲍鱼，用慢火浸卤约3小时，至软烂入味即可捞起晾干。

4. 上桌时，把番茄、青柑、红辣椒、西芫荽等摆成花篮形状，然后将鲍鱼切片，摆成花篮底座即成。

### 特点

口感柔韧，味道鲜香。

卤味在潮菜中算头牌烹调，常见有卤鹅、卤鸭、卤鸡、卤肉、卤猪头皮、卤蛋、卤豆干等。通常情况下，将海鲜类放入卤水中进行卤制，会让人觉得不可思议，潮菜厨者也不会这样去烹制，只因鲜味不可逆。

　　当冰镇鲍鱼在深圳市率先出现，伴着日本芥末，让很多吃客、烹者惊讶，鲍鱼也能冰镇！于是乎，大家争相模仿，塑造，品味。我思之，也学过，总觉得有些欠缺。

　　偶然一次客人需要在潮式双烹粽球里配上鲍鱼，我便试着把鲍鱼放入卤水中让它入味，当鲍鱼熟透后，特别的味道也出来了。

　　这次卤制鲍鱼的成功，改变了海鲜类未入卤的格局。

# 酿百花鱼鳔

**原材料**

干鳗鱼鳔2条（约100克），鲜虾仁200克，白肉50克，马蹄50克，金华火腿25克，芹菜25克，鸡蛋1个。配置长型半浅方盘1个。

**调配料**

味精、盐、胡椒粉、鸡油、湿生粉各适量，生油，陈醋2小碟。

**操作程序**

1. 将干鳗鱼鳔切短后用生油温炸至鳗鱼鳔膨胀，达到松化程度后放入开水煮至软透，再用清水清洗内壁血污，然后切成3

厘米左右的小圆节12段。

2. 鲜虾仁洗净吸干水分，用刀面拍成胶，加入蛋清、盐和味精搅拌至起胶待用。

3. 分别将白肉和马蹄切成细粒后与虾胶拌匀后分成12份，逐份酿入鱼鳔圈内，再放上火腿末和芹菜末，摆在浅平盘上，然后放入蒸笼蒸8分钟。

4. 取出鳗鱼鳔，将原汁倒入锅里，用鸡油和少许上汤化开后调入味道，用湿粉水勾芡后淋在酿好的鱼鳔上即成。上桌时配上陈醋。

**特点**

造型美观，柔滑清爽，鲜味突出。

对于身价不断飙升的鱼鳔，若随便烹制一道菜，是对它的不尊重。

翻开鳘鱼鱼鳔家族史，金钱鳘鳔最尊贵，其次为金沙鳘公鳔、赤嘴鳘公鳔、蜘蛛鳘公鳔、红鸡鳘公鳔、湛江鳘公鳔等。据行家论道，这些鳘鱼公鳔对人体非常有益，胶原蛋白丰富，更有止血补血、止咳润肺的功效。因而，它们在当今的市场上十分活跃，价格节节攀升。

潮菜中有一道菜肴名为百花酿鱼鳔，虽然取材也是鱼鳔，用的却是鳗鱼鳔，也有人称为肚。

鳗鱼鳔在现阶段价位相对稳定合理，可塑性也较强，入厨烹菜较为合理。变换烹调泡涨法，让鳗鱼鳔膨胀，既可焖煮，又可酿上百花虾胶，达到变菜目的。特别是芝麻炆鱼肚、海参焖鱼鳔，提升了鱼鳔的身价，也提升了品味价值。

# 薄剪响螺片

**原材料**

活大响螺2个（约2500克），鸡油50克，姜2片，葱2条，梅膏酱1碟，幼滑虾酱1碟。

**调配料**

**味精，精盐，上汤。**

**操作程序**

1. 将活大响螺用铁锤击破，取出螺肉与螺尾部，用刷子清洗去黏液和黑迹并切去靥，修去硬肉部分，再用斜刀法从后面顺着螺肉的形态斜切薄片，可以单片，也可以双飞蝴蝶片。

2. 把片好的薄响螺片用剪刀修剪去边沿部分硬皮，然后用清水浸泡片刻。

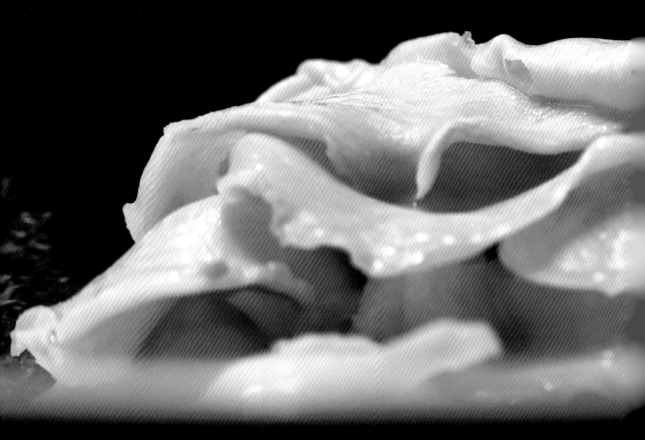

3. 把鸡油放入鼎内，加入姜、葱热煎一下后倒入食盆，去掉姜、葱，再加入少许盐、味精拌均。

4. 把上汤倒入鼎内，加入少许清水，煮沸后把螺片放进鼎内迅速焯灼，视温度而定，大约10秒钟后捞起放入鸡油中，迅速搅拌后捞起放在盘中即好。

上席时伴上一碟梅膏酱，一碟幼滑虾酱。

心解

螺，大响螺，沿海域地方都有，只是螺体稍为不同而已。

可能沿海地区都有烹制螺，但是未必每个地方都有烹制大响螺。大响螺生活在深海底层，生长周期较长，因而产量不多。大响螺营养丰富，含有人体所需白蛋白和氨基酸与维生素，肉质清脆爽口，不腻。

大响螺成就了潮菜中的一系列经典名菜肴，炭烧响螺、厚剪响螺、原锅炖响螺、爆酱香响螺片等，都是响当当的潮汕名菜。烹制响螺最关键是判断，特别是白焯响螺，火候控制是关键，落鼎后时间的把控是关键。能否用上汤来焯螺片是问题，很多时候食材在用清水与上汤的界定上是要有一定判断力的。

# 东海烧圆蹄

**原材料**

猪圆腿包肉1只，蒜头50克，生蒜50克，生姜25克，葱25克，芫荽25克，中段酸菜100克，辣椒2个，洋葱半个。

**调配料**

味精，盐，胡椒粉，白糖，酱油，酒，南乳汁，生油。

**操作程序**

1. 先将猪圆腿包肉用盐腌制4小时；再将蒜头拍碎，洋葱切细，姜、葱、辣椒、青蒜、芫荽捣烂后汇入猪腿圆包肉中，调入南乳汁、味精、胡椒粉、酱油、白糖、酒等进行揉搓，腌制24小时。其间要多次进行揉搓。

2. 将蒸好的猪腿圆包肉放入油中炸至表皮呈现绉面，捞起后趁热切小摆盘。

3. 取中段酸菜切丝炒热，伴在圆蹄边，拼上雕好的花、叶草等，佐上甜酱即可。

**特点**

表皮酥香，肉质胶软，酸香可口。

心解

　　用揉捏的手法为人体按摩，可以舒筋活络，促进血液循环，达到保健目的。而为一只猪腿揉搓，却是让其入味和收紧肉身。

　　这是借鉴德国咸猪手的烹制手法改良而成的，不同的是腌制的材料和烹制的手法，最大的改变是

烤与炸的变换。

　　另一方面是泡菜的改变。家乡的酸咸菜就是与众不同，千山万水也改变不了你对家乡食材的眷恋。

　　肉质肥而不腻，更具香气，是难得的佐酒佳料。

品味名菜

# 菠萝龙头鱼

**原材料**

龙头鱼6条（约500克），去皮菠萝半个，脆浆粉500克，生姜2片，生葱2条，芹菜8条。

**调配料**

味精、精盐、胡椒粉、白糖、白酒、米醋、生油均适量。

**操作程序**

1. 龙头鱼洗净去除头和肠肚，用刀平开后取出中间鱼骨，注意两片鱼肉要相连，然后用生姜、生葱、味精、精盐、白酒腌制。

2. 将菠萝切出6条长方形的菠萝肉，把腌好的龙头鱼铺开，菠萝条放在鱼中间，然后卷成圆条状，用芹菜系紧。

3. 烧鼎热油，脆浆粉用水和开，然后将鱼逐条蘸上脆浆后放入油鼎内热炸，注意翻转，直至金黄捞起，上席时对角斜切，交叉摆盘即好。

4. 把剩余菠萝切成细粒，用糖醋勾兑成酸甜菠萝汁一同配上。

心解

　　龙头鱼在潮汕被称为佃鱼，一般生产于八九月间，以前经常有鱼贩挑街落巷叫卖着，价钱非常便宜，许多家庭主妇足不出门就能尝到鲜甜的佃鱼。

　　如今，龙头鱼被开发出更多的菜式，单一味道的"佃鱼煮粉丝"被远远抛到后面去了。

　　蒜香佃鱼、椒盐铁板佃鱼、脆浆佃鱼、佃鱼秋瓜烙、佃鱼炒粿条等多种多样的菜肴出现在酒楼食肆，让你充分领略佃鱼的风味。确实是潮菜师傅的用心，让佃鱼也上了档次。

# 掌上明珠

原材料

鸭掌12只，鲜虾仁300克，马蹄50克，白肉50克，青豆仁12粒，鸡蛋1个。

调配料

味精、盐、胡椒粉、上汤、生粉水、鸡油。

操作程序

1. 将鸭掌慢火煮熟，冷却后脱去筋、骨和爪，用刀修成掌状，再用上汤焖一下。

2. 将鲜虾仁洗净吸干水分，打成虾胶，调入盐、味精、蛋清，用力搅拌起胶待用。

3. 将白肉切细粒；马蹄肉切细粒后挤掉水分，加入虾胶中拌

均，再挤成12粒虾丸，酿在焖过的鸭掌上面，点缀上青豆仁，放入蒸笼蒸8分钟。

4 取出蒸好的掌上明珠，将原汁倒入锅中，再加入少许上汤、调味料和鸡油，调成芡汁淋在明珠上面即成。

**特点**

造型美观，美味鲜甜。

这是一个追求完美的潮汕传统菜肴，其烹制的关键是鸭掌去骨和入味，再者就是明珠的酿合、点缀和汤汁的融合。此菜品无论外观还是口感、味道，都给人留下深刻的印象，但是在现如今的快餐时代，如此复杂与烦琐的烹饪工艺，已日渐被厨师们放弃了。

此菜另一个给人留下深刻印象的，就是掌上明珠的菜名。中式菜肴在冠名上很有讲究，既要贴切，又要有含义。广府菜在冠名上一直走在前端，取偶意、谐音的菜名让人佩服。例如：避风塘炒蟹、青龙过海、玉手揽郎腰、发财就手、鸿运当头、利市发财等。

回顾一些传统老菜，特别是突出手艺和造型的菜肴，为避免流失，特做记录，以供借鉴。

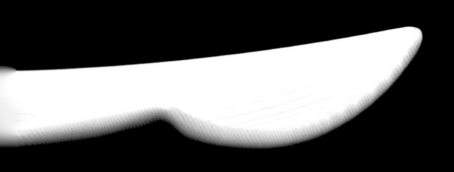

# 天梯鹅掌

### 原材料
鲜鹅掌6只，鹅翅6只，瘦肉500克，湿香菇6个，生姜1块，
生蒜2条，辣椒2个，芫荽1株。

### 调配料
川椒、八角、桂皮、酱油、味精、白糖、白酒、薯粉、生油等。

### 操作程序

1. 将鹅翅依关节剁断，鹅掌也依关节切块，洗净，用开水捞煮一下，再用酱油和干薯粉调成色浆，把鹅掌翅搅拌上色，注意均匀。瘦肉焯水待用。

2. 烧鼎热油，把鹅掌翅快炸一下，让其着色，沥干油把香菇煸炒，捞起待用。

3. 把生姜、生蒜、辣椒炒香、将鹅掌翅、瘦肉同时放入鼎中，注入滚汤。再把川椒、八角、桂皮、酱油、白酒、白糖汇入，先用旺火烧沸，再用慢火焗煮。

4. 大约40分钟至鹅掌、翅变软，将味精、胡椒粉、麻油调入，用湿粉水勾芡即好。

（注：上席时要把掌与翅对开摆盘，成楼梯形状。）

心解　　　一个古早味的焖菜，出自何人之手尚未知详。20世纪80年代初，柯裕镇师傅经常烹制此菜肴。我曾经问他何为天梯，他说你只要把鹅翅处理好，特别是关节上，它的肉会自然收缩，呈梯级。

　　他说道，焖菜可能很难跟造型菜相比，但摆放好，让其整齐，神似就到了。我曾经天真地想到天鹅飞天靠的是一双翅膀，翅膀就如上天的梯子一样，把鹅掌也带上蓝天。自此我一直把天梯鹅掌这个菜肴记挂于心，因而想把它记录留下，让古早味不失。

# 炸竹筒鱿

**原材料**

鲜竹筒鱿鱼2个（筒身20厘米长），糯米100克，鲜虾仁50克，莲子25克（泡发好），湿香菇2个，栗子75克（泡发好），虾米25克。

**调配料**

味精、盐、胡椒粉、白糖、酱油、生粉、油。

**操作程序**

1. 将鱿鱼头取出，去肠，去膜，挑破眼袋待用。

2. 将糯米蒸熟，把泡发好的莲子和栗子用油炸香，再用刀切碎；将虾米、湿香菇、鲜虾仁切成小粒后加入味精、盐、胡椒粉和白糖等调配料一起搅拌均匀。

3. 将糯米馅料逐个酿入竹筒鱿身内，呈现饱满状态，然后与鱿鱼头一起放入蒸笼蒸熟，再用酱油抹在鱿身上。

4. 烧鼎热油，将上色好的荷包鱿炸至金黄色后捞起，用刀顺切成圆圈状，摆回长方形浅盘中。装饰上雕好的花和绿叶青草，上桌时配上甜酱即可。

特点

鱿香扑鼻；柔糯鲜香，内涵丰富。

1985年汕头市举办第一届美食节，上级要求我们参与美食出品，争取能得到好评。于是乎，各方烹者用尽九牛二虎之力，使出浑身解数，都想一举博得好评。

要出品，就要出其不意才能达到最佳效应。我忽然想起曾经看过香港一家食肆出品的"大鱼吃小鱼"，非常有意思，特别是小鱼，它通过酿入百花胶，让小鱼显得"小腹便便"。

我灵机一动，用一个修长的竹筒鲜鱿鱼，通过多次反复摆弄，把百花虾胶改用八宝饭做馅料，填入鱿鱼腹腔内，再放入蒸笼蒸熟后去炸，让它产生鱿鱼特殊的香味。就这样，一个荷包鱿鱼完美呈现了。

# 炊酿石榴鸡

**原材料**

鸡肉200克，鸡肝1个，鸡胗1个，虾仁50克，五花肉50克，湿香菇2个，马蹄50克，葱2根，鸡蛋6个，白肉1小块，芹菜若干，红蟹籽少许。

**调配料**

味精、胡椒粉、盐、麻油均适量，生粉。

**操作程序**

1. 分别将鸡肉、鸡肝、鸡胗、虾仁、五花肉、湿香菇、马蹄、葱切成丁，然后一起炒熟，调入味精、胡椒粉、盐、麻油，炒至完全入味后薄芡勾匀起锅，分成12份待用。

2. 鸡蛋取蛋清，搅拌均匀后用纱布过滤，然后煎成12张蛋皮待用。将芹菜用开水 烫后漂凉，撕成12条待用。

3. 将蛋皮逐张摊开，放入炒好的鸡肉粒后束成石榴形状，再用

芹菜条扎紧，束口修剪整齐后放上红鱼子，最后放入蒸笼蒸
五分钟即成。

特点

形似石榴，清香鲜美。

　　这是一道考究厨艺功夫的潮汕传统菜肴，也
是体现潮菜精细的代表作品之一。它的出现告诉世
人，烹制酒席菜肴是需要点缀的。

　　今天的厨界不再停留在过去出品的水平上了，
食材的丰富与物流的便捷，加速了菜肴出品的变化，石榴鸡也不是停留在
原来的水准了。厨师们陆续推出了石榴虾、石榴蟹，甚至灌汤石榴燕窝等
等，大大提高了出品的水准，也提高了菜品的价值。

# 原锅酱香蟹

### 原材料

膏蟹或肉蟹2只（约800克），白猪肉1片，蒜头50克，豆酱25克，芝麻酱15克，生姜2片，青葱2条，芫荽1株。

### 调配料

味精、酱油、胡椒粉、白糖、白酒、麻油、生油均适量。

### 操作程序

1. 膏蟹洗净，把蟹盖掀开，清掉蟹鳃，用刀切出大脚钳，然后循关节切断轻拍一下，再把蟹身分解为6至8块待用。

2. 蒜头用刀修去头尾，用油炸至金黄待用。

3. 将豆酱用刀碾成泥放入碗中，再调入芝麻酱、酱油、味精、胡椒粉、白糖、白酒、麻油等，伴匀调成焗酱料。

4. 取砂锅1只，放入白肉垫底，蒜头放在白肉上面，再把剥好的膏蟹摆回原形，淋上调好的豆酱香焗料。

5. 砂锅内注入上汤，放入姜、葱、芫荽。盖上砂锅盖，先旺火烧沸，后转慢火收汁，大约20分钟后，原锅上席即可。

古早味原锅豆腐焗鸡的原理，用来烹制海鲜（尤其焗膏蟹或肉蟹）有点改变它的味道结构。因为豆酱的咸味太重，所以烹制上要特别小心。

我经过多次的原材料置换，调整酱香的比例，改变操作方法，方才有了效果。

豆酱碾泥加入芝麻酱，提高了香气；加入白

　　糖，中和它的咸度；渗点白酒，更是提香去腥的最佳选择。蒜头垫底是吸收酱香原汁的最佳搭配。

　　回头思之，好多菜肴的变化都是在自觉与不自觉中发生的，只要用心，一切皆有可能。

# 黄金炸蟹卷

**原材料**

鲜蟹肉200克，鲜虾仁100克，白猪肉25克，马蹄肉25克，韭黄15克，鸡蛋1个，腐皮若干张。

**调配料**

味精、精盐、胡椒粉、川椒末、白糖、麻油、面粉、生油。

**操作程序**

1. 鲜虾仁洗净，擦干水分，用刀平拍成泥，加入精盐、味精、鸡蛋清搅拌成胶候用。

2. 将白肉切细粒，马蹄肉，韭黄切细粒，和蟹肉放入虾胶内，调入其他调配料拌匀，加少许面粉把蟹肉馅和均匀，分成12份。

3. 腐皮切成12张，逐张铺开放上蟹馅料，卷起来，封口边沿用面糊粘紧。

4. 烧鼎热油，中温时把包好的蟹卷放入油鼎热炸，注意翻转，至金黄色捞起。

**特点**

肉鲜嫩，味甘香，色泽金黄。

　　蟹，品种繁多，多得让人数不清。它们总是横行霸道，你无法纠正它们，因为它们天生如此。

　　蟹，同样无法统计出厨师能烹制出多少个品种。从腌制到拆肉，蟹的鲜甜味永远让人无法拒绝，所以尽管你横行霸道，我依然爱着你。

# 当归炖牛鞭

**原材料**

鲜牛鞭2条，瘦肉500克，杂骨500克。

**调配料**

当归、川芎、姜、葱、白酒、盐各少许。

**操作程序**

1. 新鲜牛鞭洗净后焯水，捞起洗净，再用小刀挑开尿道洗去腥臊味，然后切成约5厘米的小段。

2. 将姜、葱放入开水中，加入牛鞭和白酒，煮沸后捞起漂洗。

3. 分别将瘦肉、杂骨焯水后洗净；将当归、川芎切片待用。

4. 在砂锅底垫上箅片后放入牛鞭、杂骨，加入淹过食材的清水，用大火煮沸后转慢火炖40分钟，然后取出盖肉料，加入当归、川芎和瘦肉，用慢火炖30分钟至牛鞭软烂即可。食用时捞去瘦肉、当归和川芎渣，加入适量的盐即成。

**特点**

口感胶软，味鲜香浓。

　　此汤味浓色深，牛鞭柔软胶烂，口感极佳。当归独特的味道和牛鞭的肉香相互融合，让菜品散发出诱人的香味。而且药材食材搭配合理，不仅美味，还有强筋通络、补气养血、壮阳补肾的食疗功效。

　　中医师曾经说过，当归、川芎合理配搭食材，必是活血化瘀。不过常言道："是药三分毒。"食用不可过量。

# 生炒鲜鱼蓬

**原材料**

鲜鱼1条（约1000克），马蹄25克，鲽鱼50克，芹菜50克，辣椒1个，鸡蛋1个，南姜末少许。

**调配料**

味精、精盐、胡椒粉、麻油、上汤、生粉水、生油。

**操作程序**

1. 将鲜鱼刮去鱼鳞，开膛去肚洗净，擦干鱼身，用刀取出两片鱼肉再起去鱼皮，留下鱼肉切成节段再片开，成对开蝴蝶形，用少量盐、味精腌制待用。

2. 马蹄切片，芹菜切细节，辣椒切细块，鲽鱼脯取肉略炸一下，拍成碎块后和成配料，另者取小碗兑好"上汤糊汁"候用。

3. 烧鼎后注入生油，腌好的鱼再用蛋白搅拌均匀护身，放中温油中拉过，沥干鼎中剩油，把芹菜等配料放入鼎中，迅速翻炒，把鱼片回倒入鼎中，再把调好的糊汁注入，放入少许南姜末，轻轻翻拨均匀即好。

**特点**

嫩滑鲜甜，淡淡南姜香。

心解

生炒鲜鱼蓬，这是一个难以找到出处的潮菜名肴。特别是一个"蓬"字，让人难以理解。我曾问过许多师兄弟，是否知道它的来历。

老师傅们传下来的名菜肴，因为找不到出处，因而渐渐地被疏远了。有朋友说了，平时上潮式酒楼食肆点菜，鱼的品种菜肴都带有局限性，无非是蒸鱼，要不就是煮，或许是潮式鱼饭。想想也是。

编写菜谱，突然想到我年轻当炒鼎工时，柯裕镇师傅经常安排烹制一个鱼蓬让我炒。他的要求是鱼片上盘要洁白，搭配的芹菜料等要均匀，绿中夹带红色，糊汁紧身，装盘时显得蓬松。我一直都在思考这个"蓬"字，当在装盘时呈现蓬松状态，这便是生炒鲜鱼蓬的由来吗？

# 王者翼中翅

**原材料**

原只鸡翅膀12只，泡发好鱼翅针300克，火腿丝25克，芹菜50克，脆浆粉300克，鸡蛋1个。

**调配料**

味精、胡椒粉、酱油、麻油、生粉、生油。

**操作程序**

1. 原只鸡翅膀去掉上端部分，留用中翅连翅尖部分，再把中翅的骨头去掉，修剪去肉多的部分，留用翅尖骨。

2. 鸡蛋打成浆后煎成蛋皮切丝；芹菜洗净切粒待用。

3. 烧鼎热油，将鱼翅针炒热后加入火腿丝、蛋丝、芹菜，翻炒均匀，再调入味精、胡椒粉、麻油，炒至香气四溢盛起，分成12份后装进鸡翅中，再用竹签把口封住，放入蒸笼蒸10分钟。

4. 脆浆粉用水和成糊状，将鸡翅逐只挂上脆浆糊后炸至金黄色捞起，摆在圆盘里，再装饰上雕刻好的花草即成。上桌时配上陈醋。

**特点**

香气足，口感妙，是高端食材巧妙的结合体现。

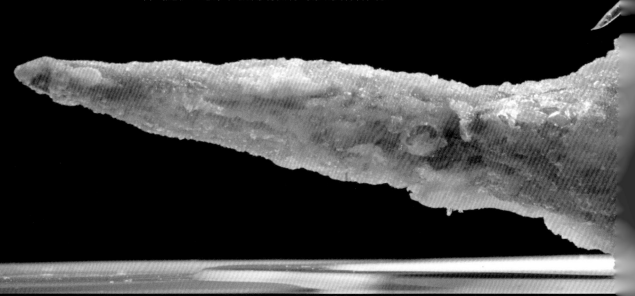

王者翼中翅所展现的厨艺，正如武林高手为争夺江湖霸主地位使出浑身解数，尽显王者风范。

名菜王者翼中翅，是利用鸡的中翼取出里面的骨肉之后产生的空间，用调味完美的鱼翅针填满，形成荷包状。

烹者也是身怀绝技之人，要不然怎么能想出如此妙法呢？

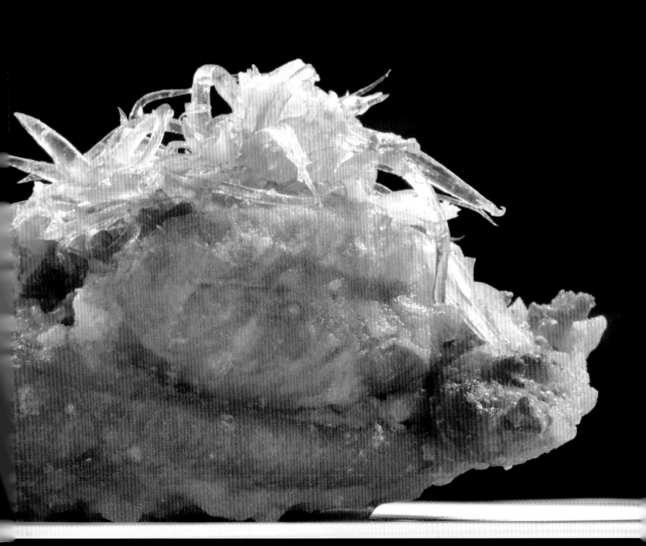

# 潮式炖明翅

**原材料**

鱼翅1副，老鸡1只，瘦肉1000克，猪肉皮500克，猪脚1只，排骨1000克，火腿100克，生姜、青葱、芫荽若干。

**调配料**

味精、酱油、胡椒粉、麻油、绍酒、鱼露、陈醋等。

**操作程序**

1. 将鲨鱼翅放入水中浸泡，1小时后换水煮至冒小气泡时捞起，用钢刷刷掉表面的细沙，再放入清水浸泡。再换水，再煮沸，如此反复，让它慢慢膨胀，再清洗和处理掉鱼翅的骨头和肉渣。

2. 去骨后的鱼翅每6小时进行换水，煮沸，浸泡，如此反复5至6天，直至腥味基本去掉。

3. 分别将老鸡、瘦肉、排骨、猪脚焯水后洗净。

4. 在砂锅里垫上箅片，放入鱼翅；再将老鸡、火腿肉、姜、葱、芫荽等料用白纱布包裹后放入砂锅。加入绍酒、上汤，汤水浸没食材为宜。用大火煮沸后转慢火炖8小时后去掉布包料，一锅炖鲨鱼明翅就完成了。食用时根据个人喜好调味，鱼露、酱油、味精、胡椒粉、陈醋和芫荽都是不错的选择。

5. 判断鱼翅火候的标准：

（1）用筷子从鱼翅针中间挑起，两头下垂为宜。

（2）汤水会不会浓稠黏手。

**特点**

柔滑胶黏，浓香入味，胶原蛋白丰富。

记得小时候听老一辈说，海中有一种鱼很凶恶，下海者不小心会被咬伤，甚至会被夺去生命，这种鱼就是鲨鱼。

目前能知道的鲨鱼有400多种，可以食用的也有百多种。由于鲨鱼全身都是宝，除了鱼翅能烹为高级菜肴之外，鲨鱼肝能制鱼肝油，鲨鱼皮和鲨鱼骨可以提取抗癌物质。

基于这个因素，凶悍的海底霸王也屈服于人类。然而人类过度的捕捞也让这些宝贵资源慢慢流失。于是乎，一些动物保护组织呼吁禁止掠夺性捕捞和食用鲨鱼，以保持生态平衡。

是啊！矛盾永远存在着。

# 后记

　　我年轻的时候喜欢看带有侠骨仗义情怀的书，对书中一群好打抱不平的人物有特别的感情，然后再看到他们智慧和武功的发挥，不由自主跟着欢呼雀跃。

　　《水浒传》便是其中一部。一群大口吃肉、大碗喝酒的民间英雄豪杰，不满朝廷，奋起反抗，经过多次抗争，终成气候。一百零八位好汉齐聚梁山泊聚义厅，以三十六天罡、七十二地煞汇成一幅英雄图，年少的我看得热血沸腾，好不痛快。

　　20世纪80年代初，我接触到一本关于满汉全席的书，书中介绍了一些过去的食材烹饪和酒席规格。我顿时眼睛一亮，一席菜肴居然可以这样烹制。清朝，满族人执政，开创一个新朝代，而这个政权竟然跨越了二百多年的稳定和繁荣。饮食业的人只关注饮食的事，他们认为，任何菜系的菜肴发展、延伸都需要这样稳定和繁荣的环境。《随园食单》的作者袁枚先生就在这个环境下享受了美食，并用心记录了吃食之事，完成一代美食家的资料记录，让后人得以学习。一百零八道菜的满汉全席是由什么人烹制已无法考证了，但菜品的奢侈程度，足以让你瞠目结舌！

　　食材的取料涉及面很广泛，包括飞、潜、动、植等。把海、陆、空、山珍集于一席：燕窝、鱼翅、婆参、鱼肚、鱼骨、鲍鱼、驼峰、熊掌、猴脑、猩唇、象拔、豹胎、犀尾、鹿筋，以及菌类珍品：猴头菇、银耳、竹荪、驴窝菌、羊肚菌、花菇等在满汉全席中悉数登场。

满汉全席的最终形成也沿用了《水浒传》中的三十六天罡、七十二地煞为格局，体现了一百零八道菜肴的饮食精髓。我看后久久不能忘怀，自此便对数字"一百零八"产生了好感。随着时间的推移和烹饪经验的积累，我也想编写一本一百零八种潮汕味道的菜谱。于是乎阅读了很多老师傅编写的菜谱，更被深深诱惑了。

几十年了，结合自己的饮食人生经历、江湖见闻，想用独到的见解来编写一本属于自己的菜谱，提升潮菜的品味空间，由此把书的菜肴总数也定为一百零八种。

在选择三十六天罡、七十二地煞时，我弃用满汉全席的编排方法，沿用民间叫法，即所谓的米、面、粿，鸡、鹅、鸭，鱼、虾、蟹，猪、牛、羊，瓜、果、蔬，甜食等六品，每品六味为三十六天罡；然后又分为名师名菜、传统名菜、时令名菜、品味名菜四节，每节十八味，共七十二味，意为七十二地煞。这样既摆脱了传统编排菜肴的形式，又有理念上的不同，让出品焕然一新。

今天一百零八道菜肴的出品与清代满汉全席显然不可同日而语，这是时代进步的选择。在保护环境和保护动物的大背景下，过去使用的很多食材已不可能作为今天的烹饪用料了。

我反复思考，潮菜潮味的书籍已有若干本，如不改变过往的编写手法，可能会落入"工具书"的俗套模式中，不能吸引更多潮菜潮味爱好者的关注。我内心一直想突破这种模式，便试图用潮菜新解这个办法来激活。

有一天，林小斌先生前来闲聊，谈及近况如何，我便把写菜谱的设想告诉他，并用传统菜肴"干炸肝花"的烹制法，分析出它与众不同的一面。

我说道："猪肝有容易渗出血水和口感过硬等问题，但潮菜前辈们长期积累经验，用猪肝和其他食材搭配完成了另一个菜肴的出品，解决了炒嫩了容易渗出血水，煮老了容易变硬的问题。"（详见本书《传统名

菜·传统炸肝花》条目）

如果你不去理解它，这个菜肴就有被丢弃掉的可能，我觉得非常可惜，所以把它记录下来进行剖析解读。同时也用这种办法把一些过去的名菜肴解读出来。

如今居家的一些常见菜肴的普通吃法，例如"卤汁含大头""龙头鱼煮咸面线"等也做一些介绍，用解读、悟道、剖析的方法，反复自我思考的方式解释菜肴的合理性，让一些潮菜名菜能得到存留空间。

林小斌先生听后大呼此书有味道，说若是用心得、感悟去点评分析菜肴的烹制法，那将是一本难得的好书，不如把书名定为"潮菜心解"。林君一席话，让一直在写与不写之间徘徊的我告别犹豫，《潮菜心解》正式落户于心。

美食家张新民老师看完了我的书稿后，曾经有过这样的评语："这是独有的钟氏菜谱。"

这本书中出现了很多前辈师傅的名字，都是本人认识的或曾经共事过的。记录他们曾经烹制过的菜肴，目的是为了传承和纪念。他们是朱彪初、罗荣元、李锦孝、刘添、李树龙、蔡和若、李得文、方展升、魏坤、蔡希平等，在此向他们致敬。

我同时邀请了1971年同期厨师培训班的师兄弟，为一些菜肴的出品做注解。他们有蔡培龙、陈汉华、王月明、林桂来、陈伟侨、陈文正、薛信敏、刘文程、陈木水、胡国文。他们评论着味道，注解和分析，很大程度上加速了这本书的形成。

我邀请了摄影师韩荣华先生为本书拍摄菜品，感谢他为本书配图，拍摄过程花费了诸多心血。

感谢潮汕文化学者黄挺教授为本书提供宝贵意见，感谢郭莽园先生为本书的书名题字，感谢黄晓雄先生、黄勤女士、冯卓帆女士、张育伟先生对本书的文字进行校对、修正，让书的内容更完美。感谢陈占伟先生对本书的诸多建议，谢谢陈芳谷先生在整个过程中鞍前马后的协作付出。

在这里还要感谢汕头市东海酒家的师傅们，为这本书中的菜肴烹制付出了辛勤的劳动，他们是谢伟光、林坚木、黄伟锋、詹英德、陈基灿、陈楚龙、陈进源。

谢谢你们！

终于完成了。有许多话未曾说出来，曾经也想放弃，最终……

书好不好，由读者去评判吧。我对自己的评价：尽管我是一个五音不全的人，但敢于登台演唱。尽管我无所作为，但我为历史留下的资料是真实性的。

你若看了，觉得本书有存在意义，我将会是最开心的人。

钟成泉